Chinese
Creation

業績千萬4連霸
的制勝筆記

頂尖房仲何勝緯的銷售價值學

何勝緯 著

顏艾珏 文字整理

面對客戶吐槽、同業捅刀、市場萎靡，業務奇才連破高標、業績連霸的獨到攻略指南！

✓ 剛入行就碰到房地產景氣大崩壞的年代，物件少、買氣冷、房仲業人人自危，而剛退伍的何勝緯一頭栽進這幾乎要窒息的市場，卻從第一年起連續4年，每年都賺超過千萬年薪！

✓ 房仲新鮮人一步登上超級業務寶座，是運氣？是技巧？還是天縱英明？何勝緯道破自己連續4年制霸千萬業績的銷售價值學、分享如何聰明工作，攀登業績高峰的成功職涯。

✓ 當房仲想要賺錢？不是一張嘴和一副厚臉皮，「服務熱忱」這個老掉牙的關鍵字，竟然就是超級業務追求標竿的不二心法，看看何勝緯怎麼從熱情出發，用心實現客戶的幸福與自己的財富。

前言

　　30歲不到、退伍後隨即進入景氣一路墜入谷底的房地產市場，何勝緯在一般年輕人仍舊懵懂、彷徨的年紀，就已經知道自己會在哪裡發光發熱！果然，從入行起，連續4年囊括了「住商不動產」房仲經紀人雙北市第一名的頭銜；連續4年為自己口袋賺進超過千萬的年薪。優異的表現與驚人的業績，教人欣羨，更讓人好奇？這位擁有工業工程與企業管理雙碩士學位，像鄰家男孩般親切的高大青年，是什麼樣的成長環境與學習過程，短短時間內就在如此高競爭的行業中傲然鶴立？

　　從小學四年級開始，賣過模型玩具、手機保護膜、現榨果汁、補習班助教、股票與房地產，何勝緯始終抱著一股助人利己的熱情，總是想方設法為需要幫忙的人達成任務，多想一步、多做一點！正因如此，他認為房屋銷售絕對不是幫客戶找

房子而已，必須有洞悉客戶、掌握合適物件以及開出正確價格的真本事。何勝緯充分體會每個人對於幸福的想像並不是一個模板刻出來，因此，他從服務的熱情出發，以企業管理的思維規劃，透過房地產的專業資訊到設計裝潢與租賃投資的一條龍服務，一心一意幫助客戶找到心目中的應許之地，同時也成就了自己豐厚的收入與充實的心靈。

「服務」是何勝緯回應自己內心不停渴望的主張，可是他堅持的工作態度、擴展同業關係的氣度與關心客戶生活的體貼，才是在房地產一片蕭瑟的景氣寒冬中，逆勢成就一位千萬業務的終極價值學。

他認為，初入職場的新鮮人，就要懂得透過知識與工具去聰明工作；他也指出，在高度競爭與流動的房仲市場中，要想擠進頂尖行列，就要掌握關鍵的環節，發揮社會永遠需要的服務熱忱，以及人群永不嫌多的正面價值精神。就連這本書的出版，也是他想要啟發房仲業務後進、激勵同業人心的「終身服務目標」之一。

頂尖業務何勝緯以初入行4年的亮麗表現，為這個普遍抱怨微利與咒罵低薪的社會，射出足以點亮天空的燦爛煙火，讓人充滿期待！而他也衷心希望每位剛進入業務職場、以及仍然辛勤奮戰的業務從業人員，能夠藉由本書的經驗與見解，在業務工作上更加得心應手、融會貫通，穩步邁進屬於自己的成功巔峰。

CONTENTS
目　錄

CONTENTS
目　錄

CHAPTER **04**
第四章

服務管理 161

第一節　程序設計 163

CONTENTS
目 錄

CHAPTER **06**
第六章

與眾不同的成功祕技——小何的錦囊妙計　231

好的房仲朋友讓你上天堂

資深媒體人、2018年台南市駐市作家、現為文字工作者，本書共同作者　顏艾珏

人生有夢，我也不例外。個人夢想是環遊世界與當包租婆。

對於環遊世界，現在的我已經不急了，出國超過30趟、去了十多個國家，還算幸福。但是，對於當包租婆這件事，一度以為是這輩子遙不可及的白日夢了。不過，在認識小何之後，我居然在短短的15個月內，三次買賣房屋，成為貨真價實的包租婆！瞬間圓夢，至今常有不真實感，我很高興結交了小何這位年輕朋友。

對於小何個人的豐功偉業，毋需再用華麗詞藻來堆砌，這些年已經有太多人稱讚他，替他美言了；身為一位跟著他貼身工作將近一年的我，只想用自己的親身經歷來印證他的能力與熱情。

人不理財，財不理你。這道理說來容易，卻不是人人都懂。

人生的財富，若沒有把握時機做正確的判斷，並且下定決心、即知即行，機會極可能稍縱即逝，這是本人晉升為有屋一族之後的最大感想。

買屋做為理財的途徑，最困難的第一個門檻便是百萬元起跳的頭期款。即使台北市的一間小套房，要價最少4、500萬元以上，三成的頭期款便是150萬，憑一己之力通常得耗上數年甚至十年、或全家人同心齊力出錢協助，才可能踏進購屋的第一個階段。因此，乖乖存錢儲蓄的第一桶金真的很重要。

幸運的我，有另一半的全力金援與支持，加上小何這位超級房仲的好眼力與帶看解說，第一間小套房晚上、白天各看一次，就立刻決定買了。5個月內脫手，繳給政府的稅金也不少。由於一直想在不影響現有生活品質下、多買一間房子出租做為養老之用，4個月內，在小何帶領下看了多間房子，買到一間地點在中山區蛋黃熱點的4樓公寓加頂，因屋主急欲拿到現金，所以售出金額較當地實價登錄低了許多，經過半年的整修裝潢後，以全新之姿10天內順利出租，所收得的租金拿來付房貸仍有餘裕。

正如小何所說的「永遠都有低價的好房子，但初入房市的消費者若看不懂、聽不懂，當然買不到好屋。」我的包租婆人生始於認識了小何，有了美好的起步。您也有夢嗎？不妨讀讀本書，認識小何，也許能如我一般，築夢踏實。祝福大家。

真心英雄出少年

中華民國不動產仲介經紀商業公會全聯會榮譽理事長　李同榮

　　身為不動產市場交易與房仲業的老兵，我常在想是什麼造就了一位優秀的房仲經紀人？專業本職學能、積極進取態度以及主動熱心的性格？這些肯定都是成功專業人士必備的特質。然而，能夠在人才濟濟的不動產買賣市場中發光發熱的明星級房仲人員，還擁有自我的主張價值與付諸行動的決心，關於這點，我認為是一種來自內在深處的「真心」。

　　從年輕的後輩小何身上，我清楚地看到這份真心所醞釀而出的巨大能量，像是召喚自己的魔力，驅使自己不斷向更好的境界前進。當大多數的大學新鮮人還在懵懵懂懂地揮霍青春的時候，小何已經知道自己對於不動產買賣擁有高度興趣，不僅初嚐包租公的苦樂，還想盡辦法說服房仲公司讓他兼差上班；當時職場年輕人還在憤恨不滿工時長或工資低的時刻，小何早已登上超水準的業績標竿，成為房仲業界裡的菁英翹楚。

就是憑著真心的初衷，小何做起事來積極、認真、樂於分享，不只對自己要求高、還能引領團隊屢造佳績，並期許自己是善盡社會責任的企業家，長期關注並資助弱勢團體。年紀輕輕就有這般的氣魄和胸襟，真是非常不容易，每次見到小何，我就覺得這一代的年輕人充滿著無限的希望！所以，我很高興小何能夠透過這本書現身說法，忠實地表達出自己對於專業、客戶與服務的見解和心得，我相信這樣的內容，不僅可以讓房仲服務同業感受到亮麗成績背後的努力，也嘉惠了許許多多在職場上尋找自己夢想的年輕人。

　　我總認為「人生，為做一件大事而來」，儘管過程可能充滿挑戰與坎坷，但卻是自己內心快樂與成就的泉源。顯然，小何在房仲的服務經驗中找到他心中真心相信的那件事，我也期盼每位讀者都藉由這次機會，思考並領悟屬於你人生中的大事，那件你願意全心付出、無怨無悔的事。

讓客戶感動的
幸福規劃師

住商不動產（股）總經理　**陳錫琮**

　　關於幸福，每個人都有不一樣的指標與看法，唯一相同的地方就是，幸福的感受只能用心領會，對小何（何勝緯）來說，每次的服務都是為客戶創造幸福的機會。

　　認識小何很多年了，對於這位在三十而立之前就已經屢創房仲服務佳績的年輕人，我總是被他真誠的微笑和積極的態度所吸引。一般人看到TOP經紀人亮麗的業績表現與相對而來的優渥報酬，其實很難體會房仲服務業人員不僅要擁有房屋相關的專業能力，還要具備服務的熱忱、柔軟的身段、長時間的工作壓力、刻苦耐勞的毅力與誠懇正直的人格。這幾年來，我在小何身上不但看到了這些特質，更深深感受到他所傳遞的正面能量，及帶來改變的希望磁場。

當然，這些都和小何的成長經驗有關。從小，他就展現出與生俱來的服務熱忱與生意頭腦，小學四年級因為幫同學代購模型而大受歡迎，意外地開啟了他對於服務與賺錢之間的想法；國中時，在母親協助下投資股票獲利，自己也跟著學習閱讀產業分析、公司經營及股票交易等文章；高中時期，掌握住當時潮流趨勢以B2B方式賣手機保護膜，還運用創意以急速冷凍「零庫存」方式，賣出鮮榨好果汁。從這些例子當中可以發現，小何從小就不斷累積自己對於市場的敏感知覺，以及對產品的專業知識，也體會到了優質服務與報酬之間「甜蜜」的對價關係。

就讀大學時，小何在因緣際會之下實際參與起房地產交易工作，開始當起包租公，還跟房仲業的前輩相互討教切磋，毛遂自薦擔任起兼職的房仲業務員。考上研究所後，小何繼續深入研究產業全面性服務的可能性，將這些年扎實的實務經驗與創新的想法，以《室內設計與裝修之商品化研究》為題獲得碩士學位，突顯出他對於這個行業的深入觀察、與獨到的一條龍服務心得，時至今日，更在實際的工作上學以致用，為客戶、為公司也為自己創造出服務的價值。

看到這裡，大多數的讀者心中也許會認為，小何又是一位從小一帆風順的「人生勝利組」。其實，他也經歷過不少低潮與打擊，在高一入學後，在新環境受到同學排擠而造成人際關係緊

張；家中又遭逢父親投資失利的變故，家裡經濟壓力頓時變得相當沉重，這些生活中的巨變讓青少年階段的小何感到徬徨且無助。還好，小何一直是充滿正能量的孩子，願意將吃苦當作是吃補，把自己的遭遇化為學習的動機，努力調整自己，學會尊重別人不同的意見，不斷培養自己認真負責、善良熱心以及強韌意志力的特質。加上，小何父母常說「吃虧就是佔便宜」，凡事總是站在別人的立場想，因此，在逢變遇困之時，反而為自己蓄積更高的能量，淬煉出更堅強的能力。

基於豐富的經驗與自省的態度，讓年紀輕輕的小何很能夠體會房仲服務過程當中客戶需求的同理心，也充滿社會責任的使命感。畢竟動輒千萬以上的不動產交易，是絕大多數人畢生中最重要的決定、或是最大的交易金額，因此，不論買賣雙方的託負，小何都視為是自己的事。所以，他期許自己不是單純買賣的生意人，而是承擔社會責任的企業家。而我認為，客戶因為他的貼心與細膩出色的服務而洋溢出幸福光彩的那一刻，小何正是不折不扣的「幸福規劃師」。

以房產顧問的專業
為房市緩緩加溫

淡江大學產業經濟學系副教授 莊孟翰

　　房屋交易所涉及的因素很多，從總體經濟、金融監理、稅制結構到人口消長與公共建設等，都是影響市場供需消長的重要課題，也牽動著千千萬萬個購屋族與屋主的心情起伏；尤其是房市的冷熱程度，常被政府視為內需體質的溫度計，房價高低變化以及市場交易氣氛，往往超越產業發展與經濟研究的指標意涵，成為新聞媒體競相追逐議論、或坊間小道消息流竄的主角。

　　不論房市行情是上升或趨緩，始終存在著的必然是買賣交易雙方，而房仲業最大的功能就在於提供交易當事人足夠透明的物件資訊，透過標準化流程降低成本，促進買賣信賴與交易安全。目前國內各大知名房仲品牌在物件資訊、服務品質、交易安全等方面，皆已迥異於往昔，近年更在行情資料庫、網路化服務、合作交易平台與行動應用方面，不斷強化物件的即時性與交易的可

用性，讓房仲業儼然成為另一種資訊服務業。

儘管各大房仲品牌都在資訊服務上不斷地推陳出新，然而，在台灣，房仲服務基本上還是比較講究「溫度」的行業，在看似客觀與冷靜的資訊與架構下，房仲從業人員的服務往往是促成交易的關鍵因素。才剛過而立之年，就已屢獲不動產經紀人績優獎項的何勝緯先生，正好說明了房仲服務領域中，人格特質、心理與行動相互契合的重要性。

很早就開始從事房仲服務的何勝緯先生，透過本書現身說法，從自己成長與工作經驗，逐步分析解說房屋交易、買賣雙方與同業之間的微妙互動關係，闡述了房仲服務人員對於市場趨勢與整體政經環境變動的因應策略，並且仔細剖析行銷、服務與顧客等在不同流程當中應當掌握的心法與訣竅。這些內容對於初入房仲業的菜鳥，固然可以因而習得寶貴的經驗累積，即使是身經百戰的經紀人尖兵，想必也得以領略箇中奧妙。

多年來我一向主張房仲品牌應該逐步建立並賦予經紀人更為專業的服務角色，以提升房仲業的整體服務水準，讓從業人員從促進交易的幫手進階為消費者的諮詢顧問，進而讓消費者獲得物超所值的服務；另一方面，具備房產顧問專才的經紀人，也可以超越傳統的業務形象，經由更多元的服務，開創自己在這一領域的價值與定位。何勝緯先生在本書中，也大方地展現出如何透過

虛心學習與專業服務，讓自己能夠在眾多的選擇當中脫穎而出。例如，因為自身具備的設計及空間規劃專業背景，何先生不但可以在客戶購屋後，立即協助規劃空間格局，並提出在相同坪數條件下創造更大空間利用的構思，為日後換屋脫手設想，自然容易取得客戶信任，營造出更寬廣的顧客關係。

當然，要成為一位成功的專業經紀人，除了豐富知識、獨到見解與積極行動之外，何勝緯先生以自己的親身經歷說明步入這個行業的因緣際會，更不厭其煩的再三提醒要成為傑出的房仲經紀人，心中應該秉持對於顧客、服務以及社會的責任心。站在關心不動產市場與產業發展的研究立場，很樂於見到這樣一位具備房產顧問專才的年輕人全心投入房仲服務，相信他的成功經驗必將有助於提升整體房仲服務的水準！

夠努力，「成功」只是剛好而已！

商周集團Smart智富月刊特約主筆、鉅亨網理財方程式主持人 **郭莉芳**

2019年起，台灣的勞工基本工資將再度調漲，看似讓人振奮，但若細看數字本身，最低工資從21,009元調高至23,100元，調漲了2,091元，值得開心嗎？用來買80元的便當，買不到27個；用來買超商茶葉蛋，買到209個剛剛好，雖然聊勝於無，但這基本工資的漲幅，連「小確幸」都稱不上吧？！

日前主計總處公布105年人力運用調查統計結果，全台約有327萬人薪資不到3萬元，占勞動人口比率近37%。當畢業即失業、年輕人起薪無法突破25K魔咒的現下，當有人告訴我，一位30歲的年輕房仲－何勝緯竟能年薪千萬，換算下等於日薪22K，倒是讓我十分好奇他的過人之處。

尤其是在政府打房措施不斷，台灣房地產從2015年第二季高

點反轉以來，房仲業一片哀鴻遍野聲下，何勝緯竟還能連續四年收入破千萬，業務能力絕對有過人之處。在細讀了他的故事後，才發現從小就個性雞婆、熱愛助人的他從大二起就開始賣房子，等於已累積了10年的銷售功力。

「台上一分鐘，台下十年功」，他不把自己當作房仲業務員，也不只是幫買方把房子買到、幫屋主把房子賣出去就好。而是期許自己當買賣房子的「職人」，用一種工匠究極的精神來把服務做到最好，將客戶買房後可能遇到的狀況都列入服務的一環——裝潢、隔間、出租、管理，用合理的預算幫客戶打造出完美的住家空間。精準到位的服務還不夠，還要能做到徹底通透，才能擄獲客戶的心，讓客戶的口碑成為最佳推薦。

投資市場有一段話是股神巴菲特所言：「只有在退潮的時候，才知道誰在裸泳」，運用在房地產界，我想也能這樣說：「在不景氣的年代，就是蹲點練功的最佳時機」。很多人都在抱怨不景氣，但再爛的景氣都有絕佳的業務，只要有心，再不景氣都能有爭氣的表現。這本書當能帶給各行各業的業務人很好的指引與建議。

機會是給準備好的人，把握每個練功的機會，如果你像何勝緯一樣夠努力，那麼，「成功」也只是剛好而已！

在購屋的路上，尋找交心的好友

購屋平台House123執行長 **邱愛莉**

　　從我一頭栽進不動產市場與房屋交易買賣之後，對於像我這樣一心一意想要買間會增值房子的人來說，免不了要接觸許許多多不同的房仲人員。不論是經驗豐富、專業能力強的資深房仲、或是缺乏客源、剛開始摸索業務的菜鳥，都是我在看屋尋產的過程中不可缺少的資訊橋樑，當然也是看屋、挑屋、議價到出售的環節裡，不斷「交手」與「交陪」的專業人士。

　　不論你買房子的動機是什麼，我覺得能夠借重房仲人員的力量，絕對是事半功倍的好方法。專業的房仲可以帶來不同的資訊、分析角度與獨到的觀察，讓想買房子卻不知該如何下手的買方，可以有效獲得更貼近市場與物件的真實資訊。當然，如果你遇到的房仲是小何（何勝緯），那麼事情可能就簡單多了。在住商不動產連續創下年度千萬銷售佳績的他，不只是業務能力令人

眼睛一亮的年輕王牌,更讓人吃驚的是他非常認真經營不動產市場中的服務價值。

　　體貼人意、關注細節、熱情洋溢而且總是助人為樂,小何已經站在企業家的視野來看待自己所從事的工作,他要的不僅是成交,而是打造一種自己推崇的服務理念、與能夠自我成長的高績效團隊。對他來說,搶眼的績效與信賴的品牌,都是源自於對自我的期許與目標,我想這樣的思維高度已經超越專業房仲成功人士的企圖了!

　　這本書不是告訴你那些流於表面的慣用手法,或是要你用囫圇吞棗的招式套路,小何從行銷、服務、顧客三大管理論點剖析,說明了他成為房仲業翹楚的心路歷程與念茲在茲的主張,小何不厭其煩將自己堅定的信念與務實的做法娓娓道來,讀起來理論與實際兼備,肯定會讓不同背景的讀者們都可以找到共鳴與啟發,讓自己在購屋路上,找到值得信賴與交心的好朋友。

誰是何勝緯

CHAPTER
01 誰是何勝緯

攀爬至高峰的過程

在正式進入三大管理的學理探討之前，先來聽聽小何分享，他一路至今的人生經歷……，充滿了各式特別而有趣的創業故事。成長的背後，究竟有些什麼重要契機，造就了現在的他。

小學時覺得讀書不太實用

國小就讀台北師院附小。在班上，我屬於喜歡服務他人的那種學生，像是主動幫忙把黑板擦乾淨、掃地、準備午餐、遞送東西……。同學若心情不好或者有困難，我常會主動陪伴與幫忙，從小一到小六每年都獲得學校頒發的「服務熱心獎」。小六時，全校只有我們班在教室裡有一台專屬電腦可以用，那是我義務幫忙組裝起來的。

這種喜愛服務他人的個性是天生的，當然也受到父母後天的影響。

母親的個性很溫和，不與人發生衝突，做事總是從善待別人的立場出發。父親也是大好人，「寧可吃虧」算是他的處世哲學。雖然以前我覺得爸爸的態度太過軟弱，但長大後，在社會上接觸形形色色各種人，才發現自己偶爾應該採用這種態度來處理事情。

　　做為一個國小學生，心裡也知道念書很重要，但是課堂上教的、課本上讀的，很多東西在我看來，生活中都派不上用場，枯燥乏味又無法貼近現實，倒不如把時間拿去多學點實用的知識。不過，我倒也不是不讀書，反倒會自己去找一些感興趣且實用性高的課外讀物。

幫同學跑腿代購模型大受歡迎

　　小四時，我開始做生意。那時候，很多同學在學校附近的模型店買模型，自己也有玩，一具動輒數百、上千元，其實不便宜。有一次，也在玩模型的表哥當時是大學生，帶我到遠一點的模型批發店採購，發現價格很便宜。靈機一動，突然想：同學們不太可能跑這麼遠來買模型，如果多買一點回去，再賣給同學，幫大家用便宜的價格買到心儀的模型，應該是很棒的事吧？

　　每個模型，我只賺30～50元的服務費，同時也讓同學們買到的價格仍然比學校旁邊模型店便宜很多，這個方法讓我每天賺

到數百元的跑腿服務費，同學們也很高興，因為確實幫大家省了不少錢。

這是我人生中第一次靠「提供幫助人的服務」獲得實質利益的成功經驗，而且買賣雙方皆大歡喜，這個小事業一直做到國中二年級，才因為準備考試而停止。國小時，只幫自己班上同學在做，國中後，服務跨越好幾個班級，營業額好的時候，一天甚至獲利一萬多元。做模型代購服務時，我不覺得自己是在做生意賺錢，而是在幫助他人、做好人。

第一次買股票一周賺五千

母親服務於金融業，耳濡目染下，好奇的我從小跟著媽媽學投資理財，不懂的地方也會問清楚，甚至自己看書研究。因為渴望吸收有用的知識，小學起就開始看報紙財經版，定期送來家裡的《富邦投資月報》，知道裡面都是賺錢的知識，所以興致很高，邊看月報還會跟父母討論個案，也會把讀後心得說給爸媽聽。

小五升小六那年的暑假，媽媽幫找報名參加「第一屆富邦兒童理財營」，三天營隊除了上課外並模擬股票投資遊戲。媽媽於是替我用過年存起來的紅包錢，在我指定下做了生平第一次的交易，買下一支「國產」股票，一周後賣掉賺了5000元，對一個國小學生而言是很大的獲利，媽媽說報酬率還不錯，於是對股票留

下了「好賺，但必需鑽研技術」的印象。小六時，我便帶媽媽的專業用書到學校看，並且開始買賣股票，一次只買單筆一張，幾天後賣掉，都以賣模型賺的錢來進出。

國中時開始看技術書籍，還看《天下》、《遠見》等有投資與產業分析的雜誌，許多投資概念愈來愈清楚，記得當時大立光才7、80塊，傳媒都說會漲到200多塊。國二時買一張大立光大約60幾塊，放沒很久就跑到100多元，我就趕緊賣掉。我也會把自己對某些產業的分析心得講給爸媽聽，媽媽若認同就會加碼下單。記得還曾經買過友達，17元買進，30出頭賣出。在學校慢慢有了「股票何」的外號，連老師也會來問我明牌。

股票買賣讓我能印證所學，把數字變成具有實用價值的知識。當時，我研究基本分析、技術分析，不想做買空賣空的事，股票不該單靠投機、投資來獲利，那樣只是玩心機，我喜歡做有生產的實業。

我喜歡服務他人

國中時，班上有位肌肉萎縮症患者同學，我固定與同學分擔幫忙推輪椅的工作。長大後，他媽媽後來還找我賣房子。不過，有次打擊讓我第一次看到社會的現實面。

原本，畢業時，老師要提名我為優良學生，但功課沒有某同學那麼好，那位同學的家長施壓找來議員立委關說，學校便以「資格不符」擠掉我，別的同學家長知道內情後抱著我哭，老師也很難過。後來老師還頒了一個救國團的「特別獎」補償我。這次的打擊很大，以前覺得被他人肯定是正常的，但這件事讓我實際看到社會的黑暗面。

看見社會多元真面貌

從國小到國中在學校都算紅人，去哪裡都有同學陪伴。上高一後，可能表現過於自大而被班上同學排擠，人際關係很差。

這段時間，處於人生的徬徨期，幸好高二打散、重新編班，我學會調整自己，尊重他人，與不同的人和平相處。同時間，家裡也發生重大轉折。因為父親投資失敗，家裡從有房子變成租屋，父母經濟壓力非常大。此時的雙重打擊對我而言是學習的契機，我開始調整「看別人」與「看自己」的角度，有了不小的轉變與成長。

從此，我學著與各類型的人做朋友、傾聽想法，意見不同也是笑笑就好，不必太堅持或過於在意。過去我是天龍國的小屁孩，高中時接觸到低階底層、中產階級、富裕人士的不同思考方式與生活習慣，從不適應、不尊重他人，到能夠設身處地以同理

心為別人著想。這樣的人生轉變，乍看之下跟做生意無關，後來才明白，這些無形的變化對事業的影響很大。

高二之後，個人特質逐漸明朗及穩定，善良、認真、負責、熱心服務的精神，強韌的意志力，似乎都為了大學專業知識的吸收做好前置的準備。

高一自創B2B，大賣手機保護膜

民國90年，我高一那年，台灣已經是人手一機的時代。記得當時最熱賣的高級手機是「Nokia8850」，小小一支2萬多元。手機保護膜是剛興起的商品，全台只有3M在做。有一次我去燦坤，發現他們會跟高雄一間工廠叫貨，這貨在外面手機店沒有，於是我設法要到電話，打去高雄工廠詢問。

當時手機保護膜大約一片賣100元，工廠報價是每千片/每片只要8元。「天啊，這利潤也太大了吧！」不過，我還在讀書，不可能直接去銷售這個產品。腦筋一轉，平時研究股票，注意企業獲利模式、市場與消費者需求等實用資訊派上用場。我開始構思一個B2B的實務模式：先跟工廠大批訂貨，再小量分批100元一單位賣給手機店。

如此一來，消費者面對手機店，而我只需要開發並且批貨給

手機店就可以做生意了。

起初先訂了1000片，低價1片賣給手機店20元，店家再用100元賣給消費者。之後找一位高中同學一起合資，各出2萬，共4萬元資本，便開始做起這門生意。我們還另外發包做包裝、做封面、配銷，這些費用使得每片保護膜成本漲至12元，賣價也略為調高，但商品質感提升，賣相變好，手機店下單量反而增加了。

這次的經驗讓我學會什麼是「陌生開發」，尤其是單槍匹馬到處拜訪手機店老闆的推銷、交涉、談價、成交等過程，自己的膽量日漸堅強，不斷被拒絕卻又得再次嘗試的勇氣，從中還學到B2B，收獲豐盛。

高二創新流程「零庫存」賣鮮榨好果汁

高中進入「春暉社」，高二時擔任社長。為了辦園遊會活動，找合適的產品，於是我到塔城街（牛肉麵街）附近詢問，發現有店家在賣現打果汁，生意很好，每天處理的量很大。當時我想，園遊會賣果汁應該很受歡迎，但園遊會只有短短幾小時，現場短時間內數百杯的大量需求，榨汁、封膜與運送問題該如何處理。

為了解決問題，我設計了一套創新作法，也跟果汁批發店老

闆取得共識：果汁提前一天做好，封膜後直接冰在冷凍庫，隔天活動時用裝魚貨的保麗龍箱子載去學校，再淋水解凍，就有冰的保鮮果汁可以賣了。

一般學校園遊會社團與班級所準備的食品，通常品質普通，處理速度也不快，我們的果汁不但品質穩定，價格也不貴，因此很受歡迎。由於現場不需再做任何處理，賣的速度非常快。我還請廠商提供19種不同口味的果汁，在杯子上用編號區分，雖然品項種類多，但因為處理單純化，完全不影響銷售速度。

在活動上賣食物，最難控制的就是叫貨量。太少不夠賣，訂太多又怕賣不完。我設計的這套創新流程有個極大的優點，就是「零庫存」。當日沒賣完的果汁還可以用保麗龍箱載回果汁店，剛好趕上傍晚五、六點賣給逛街人潮。

後來，我們春暉社就靠這個模式把果汁賣到台北市各高中園遊會、舞會，社員們分工合作，一天可跑兩三間學校，我一天甚至可獲利1萬～2萬元，同學們一天可賺得2000～2500元的工資，實際上的工時僅數小時，算是挺高薪的兼差工作，對清寒同學是一筆不小的生活補貼，就連學校教官也很支持。這個成功模式讓我對「做生意」與「做公益」一事有了極大的興趣與鼓勵。

大學四年，磨經驗與深化專業力

大學推甄時，汽修、土木、電機、經濟、工業工程、環境工程等科系都錄取，有許多選擇的目標，不過，我最想學的是科學管理，因此選了中原大學工業工程學系。這是因為從小學到高中，已經累積了許多工作經驗與做生意的歷練，上大學的明確目標就是：希望學到的東西能夠馬上在工作中派上用場。也因此，大一起便督促自己「多角化學習」，常跨系、跨校選課，念過除了工管之外的企管、財法、智慧財產權、民法……等我認為未來會派上用場的專業知識。

大學前的第一份正式工作：當補習班助教

由於我對經營管理的事很感興趣，後來便在補習班打工，先教數學，後來當上招生組長，但也就此萌生離職的念頭，因為向公司提的一些建議都不被老闆採納，讓人挫折。我的建議主要是讓補習的同學功課變好，但老闆卻覺得多做這些事無法立即產生利潤，他不想多花時間與人力幫課業較差的學生補強。

我提的加強計畫無法獲得認同，所建議的「老師教學多元化」好讓學生喜歡來上課，老闆也覺得做不到、或不需要。我承認他是個很好的生意人，但核心觀念上與我不同，他著重在包裝行銷，勝過注重實質內容。

從包租公變身為房屋仲介

　　大二時，某天姑姑到我家聊天，談起她在中壢買了一棟房子，引發家人熱烈討論，姑姑從蒐集來的資料介紹起中壢數十年來的房市行情，家人取得共識，既然我的學校在中壢，在那裡至少得再待三年，與其租房子，不如趁行情還低時買棟房子「自用兼投資」。於是，經人介紹一間六年的房子，280萬，50多坪，離內壢火車站騎車僅3分鐘，距離工業區很近，附近租金行情穩定，由於屋主是退休榮民，想盡快賣掉房子，帶著現金和大陸新娘回大陸生活，急需脫手，很快就成交了。

　　貸款200多萬，除了我自己住一間，另兩間房分租。我藉機當起包租公，練習租售管理。

　　此時，我的一位家教學生家長是中信房屋的老闆娘李淑真，在桃園房仲界是知名人物，於是我跟她達成「互惠合作協議」：我教她孩子數學，她則教我買賣房屋。我學得很快，不到兩個月，就正式到中信房屋兼差了。

　　一來因為興趣，二來凡是與房屋買賣有關我都想學。於是，閒暇時，我跟隨裝潢師父當學徒，做了幾場工地後，學到不少實用的房屋裝修知識與實作技術。我認為先有設計，才有裝潢施工，兩者皆懂才能融會貫通、運用自如，於是我跑去室內設計補

習班上課。同學都是上班族，當時我大三，是年紀最小的學生。

學成後，剛好手上有房子，便拿來實務練習，把餐廳改成一個房間，三房變四房，租金總收入因而增加了。

那幾年，中壢地區約有20至30個老舊眷村正在打掉重建，不少都集中在內壢火車站旁邊，我在中信房屋便一直以這類國宅為主要買賣重點。我都比照自己做包租公的模式，配合室內設計裝潢的經驗，在買賣房子時加入裝潢建議、租屋管理與投資概念，為客戶們打造一套我認為比較完整的「物業買賣投資與管理」服務。

換言之，我不但推薦好物件給客戶，也幫客戶做好這些「投資標的」的獲利管理。從買屋到裝潢、從找房客代為收租到出售的一條龍服務我都做。就讀中原大學期間，手上最多曾經管過20棟房，約7、80名房客。

好業務的特質：熱心服務、身段柔軟

很多房仲只在意把房子賣出去，賣愈多獎金愈多。我可能因為從小喜歡服務他人，做事都會想遠一點，跟我買房且要求代管的客戶，總會從他們的立場看事情，建議交屋之前多花些費用來裝潢，把房子弄得更有品質，讓住的人滿意，房子租金高於水

平,未來若要脫手也有好賣相。

有些購屋者品味與眾不同,裝潢因此太個性化,或是設計時只符合自己的特殊需求,這種情況通常等到要脫手時,才發現自己把賣相弄差了,若未能考慮日後接手者的普遍需求,太有特色的房子反而不好賣。

大學時期在中信房屋的這段工作經驗,也讓我切實瞭解到社交能力的重要。該軟就軟,該硬就硬,有時候吃點虧也沒關係,做業務本來就會遇到各式各樣的客戶,尤其做法拍屋或土地買賣時,更容易碰到來自各方政商與黑白道的力量(甚至看過簽約時帶槍來的客人),若沒有放軟身段,或只自恃自己學歷高,那麼很難會是一個好業務。

社交能力是成功業務非常重要的人格特質——這一點,我並非在校園課堂上學到的,而是這些工作經驗教會我的。

碩班產學運用:衝經驗、養人脈、練口才

就讀台灣科技大學寫碩士論文時,明確希望主題對未來工作有實質幫助,因此,從擁有的專業和這幾年的實務經驗出發,論文寫的是《室內設計與裝修之商品化研究》。

一般人視房子的室內設計與裝修是一種量身訂作、無法標準化的服務。但我認為，若反向思考將「室內設計與裝修」視為「商品」並予以標準化，就有機會套用「大量生產」的處理流程來生產與製造。從這個角度切入，分析歸納後，就可以找到幾個標準化面向，如此一來，就不難建立商品化的程序了。

碩士班著重訓練口條與表達能力，因為經常需要上台報告，簡報必需做得好、邏輯條理清楚，這些都是未來進入職場必備的基本能力。

靠談判爭取到工作

讀碩士班時，我仍然持續在房仲專業上面累積個人實戰經驗。

台北市一直都是房市交易的一級戰區，因為學校已經不需要每天上課，想把工作重心移回台北。我的評估重點是，一開始若選信義、大安區鐵定不好做，因為高總價、高單價，不適合新進的年輕人，因為高資產階級需要有經驗與人脈介紹的房仲。當時台北市松江路、南京路口還在蓋雙捷運，經人介紹我去「住商長春店」應徵，店長當時的回覆是，不收半工半讀的學生，而且上班都要打卡，研究所學生應該不適合。我的解釋是，公司不是鼓勵員工要多吸收知識與訊息，才能把業務做好嗎？若店長看準我

這個人未來有發展，就應該錄取我，但我真的無法每天打卡。

我進一步對店長說明，房仲業務的重點就是業績要好，其他應該不要管太多。而且我在中壢做過三年了，不需公司重新培養，我很清楚該做什麼事，理應不太需要管理。除了學校功課之外，我會自己交出業績，店長毋需擔心。

在談判過程中，有些人常一味要求資方答應這個、配合那個，卻不敢要求自己及告訴對方會如何達到承諾。這也是談判容易失敗的一個盲點。談判本來就是一個利益的競合過程，要記得對方要的是什麼，而不是你自己要什麼。最後，我當然被錄取了，也才有之後的千萬房仲的精采故事。

CHAPTER

02

攀爬至巔峰的
三大要件

CHAPTER 02 攀爬至巔峰的三大要件

 前言

對業務工作而言，個人的外在形象很重要。其中，第一眼帶給別人的心理感覺，是首要注重的事情。

必須要讓客戶有良好的第一印象，打從心裡接受你，才有機會與客人深度細聊、溝通，了解並勾勒出客戶內心真正想要的東西，也才能夠進行後續的合作。加上，如今已是「外貌協會」當道的社會風氣，因此，先從形象的包裝談起。

本章將針對一個業務如何在「外在形象」、「內在心理層面」與應有的道德心做出適當調整，成為一位正直、誠實而優良的業務人員，讓有需求的人透過你的專業推薦買到好商品。

第一節

個人形象的建立

　　自我形象的建立，必須根據個人先天條件與形而外的氣質，結合當下的職業、身分，進行衣著服飾與儀容的搭配，牽涉到身高體形、色彩與風格、化妝髮型、禮儀、身體語言、舉止談吐等多方面的協調和包裝，目的在於提高自己的魅力指數，樹立正面的整體形象。（見圖2-1）

圖2-1 個人形象的建立

外型+內涵=個人形象
　　業務應該是什麼模樣或輪廓呢？透過外型與內涵，兩者相加，才是面對客戶的整體形象。

　　所謂外型，包括展現在外的穿著打扮、與儀態。講究穿著打扮，不再只是膚淺愛漂亮，在今日更是個人文化修養的表現，服飾是一種視覺感官的直接表現。在職場行銷學中，「第一印象」（first impression）七秒鐘就決定了，由此可知第一印象的影響有多麼重要。建議把自己當成一個品牌，花時間想想你希望給人什麼樣的感覺。

　　穿著的部分，各行業的業務多半有規定的制服，制服的優點是省事省時，缺點是無法展現個人特色。

　　穿制服首重乾淨整潔，有些業務可能頭髮太亂沒整理，不適當的染燙，甚至穿個拖鞋就出門了，穿著可以輕鬆自在，但仍須有一定的整理與品味。其他諸如口腔的異味、鬍子有無刮乾淨、衣服是否清潔有異味，或是女性從業人員上些淡妝等，總之，外表不能給人一種髒兮兮、足以引發厭惡感的感受。

　　儀態，表現於外，同樣影響予人好惡的感受。舉例，古人云「坐有坐相，站有站相」，走路要有走路的樣子，言談舉止都要適時適地。儀態是一個人形象內涵的外在延展，要是一個人心術不正、不學無術，當然無法展現端正穩重、自然親切的樣貌。

專業+親切+道德=內涵

　　與內涵相關的第一重點便是專業度。與客人在談吐應對、或

回答提問的互動中，對方從答覆就能判斷你的專業程度何在。提升自己的專業知識與技能，配合清楚的邏輯、流利的口條，都能在客人心裡留下深刻的印象。

其次是親切感，「笑容是最好的化妝品」，天生撲克臉吃虧處在於一副拒人於千里之外的樣子，建議先練習微笑。有些人與生俱來便有明星光采，使人願意主動親近，又或一看就是好爸爸、好媽媽的形象，都能立刻吸引到一些彼此氣味相投的客人。

是否具有職業道德，也影響到個人形象。有些業務會做私案，案件未上報公司，或把公司物件透漏給同行去挖牆角，或將部分服務費納入私囊，如此在職場道德上便有瑕疵，形象上也大大扣分。

公共道德方面也需要注意。有人會發布假新聞、或小道消息來攻擊他人或他牌產品；當然也可能反過來，利用非事實的消息來加以包裝、美化某件事情或某牌產品，這些行為都不可取。還有些人會為了反對而反對，例如政府推出某些公共政策，明顯對產業的未來、或對國家社會更有利，卻有人未站在一個公平、正義、公益的角度來看事情，而只是鑽營在眼前小利，這些都算是公共道德上的瑕疵。

而個人與家庭的私德與形象也有連動關係，男女關係複雜、常常搞七捻三、頻繁地結婚離婚等，會讓人質疑，如果連家都不安定，事業會有再上一層樓的可能嗎？

外型加上內涵，才會是最後所表現出來的形象。當以上的事情都做好，自然能夠有良好的氣質，呈現出來的就是個人魅力的展現。希望所有想要從事業務的人，都能夠優先注意到這些部分，然後再往下談其他的銷售技巧。如果連這些基本的都做不好，客人才剛看到你就不想再聽你解說下去，又怎麼能發揮後面的技巧呢？

TIPS 個人形象的建立，包括外型與內涵兩方面，缺一不可。

超級業務必備的六項特質

檢視全球各國的超級業務，可以歸納出以下六項特質，只要願意自我鞭策，有朝一日，你也能夠成為業績蒸蒸日上的 Top Sale。(見圖2-2)

圖2-2 超級業務必備的六項特質

特質一 主動積極與成就傾向

　　成功的業務，首先取決於本身是否夠積極。除了積極地掌握眼前的機會，還能堅持到底不放棄，自我挑戰，勇往直前，朝著自我的目標奮力前進。

　　而所謂的成就傾向，就是「成就自己的同時、也能成就別人」，簡言之就是「利他」。賺佣金、賺服務費的同時，也要說服自己「手上的東西是最好的！」唯有真心喜歡自己正在銷售的商品，才能與別人分享，讓客人買到好東西、甚至獲利，這就是

一種成就客人的傾向。這一點在後面的章節會深入討論。

特質二 正向思考與自信心

從事業務工作的人，常常會有一種感覺，就是「明明客人看了試用後很喜歡，但是為什麼不買？」究竟問題出在自己？還是因為整體市場不好，所以自己一定賣不好等等，腦海裡總會出現許多負面思考。

說實話，要消除內心的悲觀情緒、以及消極心態，並不容易，因為業務工作的本質就是「被顧客拒絕」！如果沒有充份的自信心，沒有消除負面情緒的能力，基本上不適合做業務。

作為一個好的業務，關鍵就在於是否具備「把負面經驗轉為正面情緒的回復力」。

正如2015年底、我開始寫書的同時，房市狀況更差，常令人消沉，造成同業不斷離職，然而，反向思考，市場就這麼大，少了其他的競爭者，自己的機會更多了。這就是一種正向的思考。再怎麼說，這個行業仍舊需要人的服務，無法被取代，同業變少，更容易接到案子，接觸客人的機會也會增加，成交機率也會高……光是這樣的想法，就足以支撐起自己的信心，也就有了決心與行動力，反敗為勝不無可能。

讓自己成為正向思考的人，自然不易被擊垮。

特質三　社交能力與影響力

足夠的社交能力，並不等同於高成交率，除非能轉換成影響力，才能發揮作用。

想要影響朋友或客人，首先一定要具備社交能力，否則連朋友都交不到。然而，「社交不等於成交」，這道理在各行各業皆然。若只擁有基本社交能力，也僅僅表示你是一個好人，別人願意親近你，容易與人打成一片，但不表示足以影響他人購買，或把物件交給你銷售。

有些業務會參加各種不同的社團，像扶輪社等等，然而一年下來仍無法從中獲得業績，充其量只能說是具有社交能力，卻不具備影響力，只是白花了時間跟金錢。因此，有了社交能力後，務必更進一步地運用不同方式與能力，發揮真正的影響力。

特質四　親和力與同理心

冷冰冰、有距離感的業務人員，不容易成功。若是位傾國傾城的絕世美女，即使是冰山美人也許會有業績自己送上門；若只是一般的帥或普通的美，平凡如你我，就必須靠親和力與同理心了。

　　親和力建立在助人的熱情上，發自內心關心他人；再來就是運用同理心，根據客戶的背景、狀況去設想，替客戶找到最適合的商品，成交的機率自然比較大。

特質五　聽多於說

　　一位成功業務的核心，「說」不是重點，「聽」才是真正的關鍵。有些時候，不要一開始就滔滔不絕地講，而是聽聽別人怎麼說，才能了解客戶實際的需求。只是一味自顧自地說，客戶不見得會聽你的話。

　　傾聽是一門高深的學問，能不能走進對方的內心，常常是建立在聆聽對方說些什麼開始，藉由適時的引導與發問，蒐集到重要的情報。不過，若客戶的觀念與你不同，則需加以解釋，導正錯誤的觀念。但最後如果改變不了其看法，作為一個業務，建議最好按照客戶的需求去找他想要的商品或物件。

特質六　說實話

　　有些業務喜歡誇大其辭，往往是因為對自己所銷售的商品了解不夠。要避免這個問題，唯有徹底研究手上的商品，確實分析其優缺好壞。

　　另一方面，一個好的業務，如果真的遇到連自己都覺得不好

的一樁交易，應該建議客戶取消，寧可不要賺這筆錢。若遇到商品有些許不盡完美的地方，則應向客戶清楚解釋，並提供修正與解決的方案。

或許，說實話可能導致眼前的這筆交易無法成交，然而，由於你贏得了客戶的信任與依賴，未來的交易一定會在你的手上達成的。

第二節

成熟正確的心態

既然決心從事業務工作，在心態上就必須正確以對。

以下舉一個房屋仲介為例，從賣房子的角度出發，建議務必先了解自己所要進入的這個行業，才能夠建立成熟而正確的業務人心態。

TIPS 作為一個賣東西的人，必須要好好調適自己的心態，有正確觀念才能促成交易。

了解行業的服務特性

做為一個業務，必須要知道自己行業的服務特性是什麼。以賣高價物件的房屋仲介為例，房仲業的首要特性在於「高度的勞務密集」。

由於房屋這個商品並非網路上看一看，或架上選好要買的產品就可以結帳。它需要高度的人力詳細介紹，與顧客的互動當然密切。所以，有志於從事房仲業的人，本身個性必須喜歡與人互動。不喜與人互動卻想做業務，必然有其困難性。再來，既然是勞務密集就一定要勤勞，因為賣房子這件事需要面對面與客戶說明、解釋，才有成交的可能。

第二個特性是「中度的服務專業」。房仲業不像律師，或基金金融那樣地專業；但也不像賣菜、賣手搖飲料那麼簡單，仍需有一定的專業程度。這些服務的專業有賴自身的背景知識，或上課修習都學得到。許多人以為從事房仲業很簡單，因為似乎隨時都可以進入，不過，若自身專業能力不足，隨時來也就會隨時走。

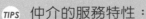

TIPS 仲介的服務特性：
1. 高度的勞務密集──要勤勞
2. 中度的服務專業──要上課修習

房屋仲介每天都在做些什麼？

做為一個房屋仲介，當然要了解房仲每天都在做哪些事情。

第一，房仲每天處理的是人的問題，處理客戶人生的大問題。客戶買一間房子的最大目的是居住，而住在其中就必須要能保障全家人的安全。安全區分為建築本身的安全、周遭居住環境的安全。

第二，處理的是物的問題。因此，處理物的能力要足夠。由於，買賣標的物是高價位的房屋，並非屋主或建商跟你說的，你就一切照單全收，應該從設計、物件規劃、到法規，都要有一定的了解，才能夠判斷該物件本身是合法或違法。或購屋者若想裝修，法規上是否能夠通過。使用上是否適合業主的目的，例如購入的目的是想開餐廳之用等等。

要是屋主說絕對沒有漏水，房仲是否有能力做專業的判斷，或者有門路請專人立即做專業判斷，尤其像結構是否傾斜等問題，都必須能夠一眼看出業主是否有所隱瞞，這些都很重要。專業能力不足的房仲通常會避重就輕、輕易地相信業主的片面之詞，後來常演變為欺瞞買方的嫌疑。

當然，或許該房仲是無心之過，但作為一個房屋仲介因為自身專業知識不夠，而賣出了一間有瑕疵的房屋，屆時一旦出現漏水的問題，買賣雙方肯定都會要求仲介出面負責。

每個人都說自己的東西最好，既使有違建，也可能說出「沒有問題、不會被拆」的好聽話，但是，這些疑惑都有管道能夠查證，房仲的專業能力便在於立刻到縣市政府做相關查詢，便能得知屋主是否有所欺瞞，或違建是否已經被報拆等等，這便是一種專業的展現。

第三，心理層面的處理。每天碰到的買和賣，其實都在協助客人處理心靈層面的問題，只要滿足了買方所有的要求、疑問，讓買方心理感到踏實，因為他認為自己買到了最需要的物件，自然覺得該房仲的服務很好、很貼心。

除了心理踏實之外，買到好房子還能滿足炫耀的心理層面。

人是喜歡炫耀的動物，今天如果讓賣方賣到相對而言是好價錢的房價，他可能會開心的到處去說「住商小何替我的房子賣出了一個好價錢！」對買方來說，要是他買得很開心，也會跟親朋好友分享他用合理價格買到很棒的房子。

如同買車，一輛普通的車子，若能讓他心裡有著「我買到了賓士」般的感受，那就具有一定的品牌價值。一個原本條件不怎麼優異的物件，如能改變其格局，破除原本不好的狀態，讓它改頭換面變身為好的商品，自然能讓買賣雙方都滿意。

第四，資訊的處理。身為房仲，最重要的任務便是協助購屋者在市場上找到最便宜的物件，不論是在自己手上，或是從同事、同業中取得划算的好屋。畢竟每個人都想要買便宜，不想買超過市價的產品。舉例來說，同一棟樓有不同的房屋在賣，不同的屋主價格不一，一定會有開價相對較低的案例。若一併提供給客戶這樣的個案，客人自然會信服你，也能減少花在成交上的時間。這正是為何要廣納、過濾、整理資訊的主要原因。

TIPS 所謂最便宜，並非僅指單價便宜，而是指「對買方最划算、最超值」。在同一區域、同一個社區，或者是同等級的眾多物件裡頭，能夠讓買方買得相對便宜，亦即幫客人找到「物超所值」的物件。這是許多仲介無法突破的盲點。

在取得相對便宜的物件之後，後續在法規、政策等等是不是都合格?符合現有規定與未來趨勢等等（最簡單的例子便是關於樓中樓、加蓋空間的使用這類問題），這些也決定了你是否夠專業、能否正確而即時地處理資訊。

以上，就是一個房屋仲介每天在處理的事情與工作狀態。

TIPS 仲介每天在處理的，包括人的問題、物的問題、心理的處理，以及資訊的處理。

仲介的正確心態──如何調適心理層面

仲介的角色介於買賣雙方與不同經紀人之間，需要多角度達成面面俱到，不應偏頗於哪一方。舉例來說，有些房屋仲介是屋主心態，覺得自己的屋主最好，要讓屋主賣高價；有的則是買方心態，要讓買方買很低，想要把另一方殺價到極限，這些都不公平。對客戶（買賣雙方）及同伴（同事、經紀人）應該抱持一視同仁、皆有所交待，才是正確的心態。

因此，確切地弄清楚自己手上的產品，好在哪裡、問題在哪裡、委託人的開價與底限，是身為業務人員販售物品前的基本功。好比今天要賣車，公司事先就會告知業務們最低可折五萬之類，若是連底價都不知道，必須等別人開價後再來詢問，不但沒有效率，也可能造成客人的流失。

　　在許多人的觀念中，房仲大多屬於沒有底薪的「高專」（相對於有底薪的普專而言）因此，自然會短兵相接。個人則認為，誠信、公平、溝通、避免利益衝突，以及融洽的組織關係，這是身為一個好的仲介、甚至是所有從事業務工作人員所不可或缺的。

BOX　**名詞解釋** ────

普專vs高專

房仲業者大致分為兩種：一種稱為「普專」，一種稱為「高專」。普專與高專的差別在於有無底薪、與獎金比例的高低。普專有底薪，但成交時的獎金比例較低；高專無底薪，但成交時的獎金比例高。一間店鋪是否同時有普專與高專兩種業務，視其制度而定。一般來說，新手菜鳥大概會選擇普專，而老鳥高手則以高專為主，要視個人的特質而定。

誠信的重要

許多事情因為缺少了誠信，所以，對內、對外都產生衝突。新聞中常有房仲欺騙客戶的事件，也有仲介欺騙同業，例如欺騙對方的仲介說房子絕對沒問題，實際上有問題。又或者是價格上的欺騙，例如明知屋主低於1100萬不賣，卻欺騙同事說先用1000萬的出價把客人拐進來，之後當客人發現屋主可能要1100萬才肯賣出時，這時候就得跟客人、跟同事、跟屋主吵架，白白浪費了許多折衝的時間，也造成衝突與心結。

所以，不單要對屋主有誠信，對買方有誠信，對自己的同事也要以誠信待人。所有房子的真實狀況應該讓對方的業務知道、讓所有與你配合的人清楚了解。否則，一旦與你配合的人不小心說錯話、做錯事，一樣會影響到你。

BOX 他山之石：小何的做法

「資訊透明化」是小何的做法，藉著迅速傳遞正確訊息，讓更多人一起幫忙，減少資訊的不對稱，以最快的速度把物件脫手，讓大家一起分享利潤。小何甚至主動告訴同事（或同業）自己手上屋主的底價、屋主的心態，當初開價的過程等等，一切清清楚楚，讓行銷更為順利。只要成交，就會得到4%的服務費，屆時再均分。這就是以一種「同榮共喜」的心情來從事業務的工作。

公平與公道

因為私心而造成的不公平，有了心結就不容易成交，彼此甚至因而翻臉吵架。舉例來說，目前房仲業界的一般做法是五五拆帳，若是對方業務說「我要跟你六四拆」、甚或七三拆，那就絕對吵不完。總是公平以待，就不必日後常常為了蠅頭小利而與人發生衝突。

BOX 他山之石：小何的做法

基本上，小何的規則就是五五拆帳，所收到的服務費公平對拆，他也把這樣的方式推廣到全公司的同事，建立起一套規則，免得每次都為了如何拆帳而吵不完。據他所知，信義與永慶兩家房仲在這方面較有制度，其他則尚待建立。

公平也包含「公道」的意思在裡面。

舉例，同樣一間蓋好5年、坪數雷同的房子，在松江路上、與在林森北路便給人不同的感覺。若條件相同，多數人自然優先選擇位於松江路好地段的房子。再舉例，同一個社區，你取得一間底價70萬的案子，但同事卻拿到另一間底價60萬的案子，肯定無人能跟他拚，除非有特殊理由，不然底價60萬的一定會

優先售出。

　　一旦碰到這樣的狀況，一個優質房仲就必須舉出更多更好的實例讓買方明白，基於公平公正公道的立場，公司所有同事們必然以60萬這間為主力，先賣出後才輪得到70萬那間。因此，買方所買到的60萬這間肯定是物超所值、相對便宜的好屋。

ⓑ 他山之石：小何的做法

　　遇到自己手上的物件在底價不夠漂亮時，例如上述的例子，若是屋況相同的話，小何甚至會把自己的客人先帶去參觀同事手上的、底價60萬的案子，看看能不能先把它去化掉。

　　雖然自己的業績當場少了一半，可是客戶卻因此買到更划算、更好的物件。此種做法，不管對買賣雙方，或是對同事而言都十分公平。從事業務工作，最不可取的行為就是，一天到晚嫌別人的案子不好，只有自己的屋主開價最恰當，但若該物件的實際狀況不理想，當然不會開花結果。

　　換另個方向來談公平公道這件事，身為業務，不能老覺得自己這邊的買方出的是最高價，自己買方所出的斡旋價都是最高的。今天，你的客戶出價斡旋2500萬要買，明天只要有任何一個同業找到願意出價2600萬的買方，那麼，屋主肯定傾向與出高價的對方成交，手上的案子立刻就被別人取而代之了。

　　所以，站在公平的角度看待事情，在業務的行業裡，才能夠贏得買賣雙方與同事、同業的信任。

開價：指對外的牌價。EX：如開在網路上的價格，在上例中可能為3000萬。

底價：屋主實際要賣的價格。EX：在上例中如留一成給買方殺價，則為2700萬。

斡旋價：買方當下所願購買的出價，之後仍可能會調整（因仍未及屋主底價）。

溝通之必須

遇到問題或糾紛誤會時，有些年輕人常因為擔心害怕而遲遲不處理它，可能覺得對方態度囂張，懷疑是否有黑道的背景。個人認為，處理事情就應該明快果決，帶了水果禮盒便立刻前往了解。毋需立即處理的例外就是，當下的狀況也許有人在吵架，甚至已經動手打人了，這樣的情況就要緩一緩，在衝突的現場絕對不要火上加油，數小時之後或第二天再來解決，但千萬不要過了好幾天又沒做進一步的處理，沒事都變成有事。

溝通之所以重要，是因為「不關心」也可能成為訴訟的關鍵。問題發生後，時間拖得愈久，客人本來沒有要告你，或者沒有要檢舉你的意願，卻因為你的遲遲不處理讓他越來越不開心，

最後反而造成麻煩。

BOX 他山之石：小何的做法 ────────

　　　很多人遇到事情不立即處理，但小何向來秉持「馬上！」、「立刻！」的態度面對事情。出狀況時，一定要第一時間加以溝通，不管是對客人或對同事。遇到誤會務必解釋清楚，告知當時做出這樣決定的環境與氛圍，才能讓人理解並體諒。

避免利益衝突

　　力求公平，當然是避免利益衝突的好方法，不過，建議有時候也該學習忍耐，以及「左耳進、右耳出」的功力。發生衝突的時候，自己並不一定是對的那一方，許多人一旦損及個人利益時，就氣到要拿刀相對，或是與人爭吵到自己贏了為止，這些都不是解決事情的方法，實際上所耗費的心力與時間根本就不划算。不如調整心態，有時候就讓它過去吧！LET IT GO！

融洽的組織關係

　　融洽的組織關係是行銷的助力，而非阻力，這一點對業務非常重要，我們將在後續章節深入探討。只不過，有關於組織、個

人方面，除了應該與同事間保持良好的人際關係之外，店內的氣氛以及制度，則有賴公司或單位主管來建立，這一點在第四章也會談到。

> **TIPS** 作為一個好的業務人員，不可或缺的要件，包括誠信、公平、溝通、避免利益衝突，以及融洽的組織關係。

第三節

服務的本質與真心熱情的服務

小何有著個人堅信不移的十六字箴言，亦即「尋巢有愛，仲介實在，堅持服務，擁抱客戶」。唯有抱持著這樣的信念，才有辦法真心熱情地服務客人，並且能夠站在客戶的立場，設身處地為他們著想，換言之，服務的本質是「心中有愛」。

尋巢有愛

常有人問我：小何，怎麼委託你這麼久了，到現在還沒幫我找到房子？

　　我總是會這樣回答，「因為我還沒找到最適合你的房子啊！最近幾個月的個案，我深入了解之後，都覺得不適合你。」

　　有些業務會一直打電話叫客戶來看房子，實際上卻只是亂槍打鳥，那些房子根本就不適合對方，客戶到最後只會越看越氣，一看到手機上是你的來電顯示就火大，只會讓人對你的專業能力畫上問號。

TIPS 如果連我自己都不中意，叫客戶來看會改觀嗎？有用嗎？唯有設身處地為客人著想，才能真正滿足客戶的需求。

　　好的業務必須要考量到客戶的需求與預算，了解客戶未來的生活走向，像一年內是否有生小孩的計畫等等。

　　小何以最近成交的一個客戶為例，這名客戶半年前就請小何幫忙找三重、蘆洲一帶的房子，想在此處落地生根，然而因為一直沒有合適的案件，因此也就沒有頻繁聯絡。期間，該客戶雖然在其他仲介的介紹下看了許多房子，最後，卻是在小何這邊收尾。正因為小何為客戶找到了一件相當划算的案子，客戶覺得在

格局、預算、與總價上都對他們十分合適，二天內立刻成交，這
就是以愛為出發點的成功案例。

仲介實在

所謂的「實在」，就是產品的好壞應該確實告訴客人，讓他
們有自行評判的空間。多方了解相關產業的商品，盡力去評辨
同類公司不同的案子的差異，才能為客戶找出目標條件下的最
佳選擇。

此外，也要事先為客人作好利弊分析。例如許多人不了解一
般事務所和住家的差別，把一般事務所拿來做為住家使用，在規
範上是不合法的。

再舉一個例子，當客人詢問建商的品質時，有些仲介滿口都
說建商的優點，對負面情報避而不談（事實上，也許根本就不清
楚其好壞）。較為實在的做法應是告知客戶正、負面相關的實
情，甚至提供客戶不同的選擇方案，由客戶自行判斷。唯有專
業、用心的仲介，才有面對客人的實力，否則建材好不好並不清
楚、建商有沒有問題也不知道，自然也就實在不起來了。

> **BOX 他山之石：小何的做法**
>
> 在上例中，如果小何告知了買方有關建商（賣方）相關的問題
> （例如實際上使用的建材等級並不是那麼好，或曾與其他客戶發生
> 過糾紛等等），然買方很喜歡這個物件，這時小何提供的方案就會
> 是建材調整的專業建議，或是斡旋賣方的價格等，務求對各方面公
> 平、公正。

也因為個性實在之故，小何一直認為，為了成交而一再地折讓服務費，並不是件正確的事。

仲介提供適當價值的服務，收取合理的費用是理所當然。小何也常教育客戶，不要認為仲介收取4%的行情，看起來似乎很好賺（事實上，是由買賣雙方仲介各自均分成為2%），就認為若直接找建商買，是不是就能省下這筆費用呢？其實，建商雖未收取「服務費」，但他們付給代銷公司6%，這筆費用最後必然也是由買方所負擔。看倌認為哪一個支付得比較多呢？

堅持服務

有些人賣完產品後，就沒有服務了，徹底失蹤了。這一點讓人覺得很奇怪。良好妥善的售後服務，才能讓客人徹底地滿意，不但有機會成為終身的客人，甚至還會主動幫忙介紹其他客人。

當然，業務必須要有專業能力才能完善服務。這一點在第六章也
會再談到。

BOX 他山之石：小何的做法

截至目前為止，小何對於曾經成交過的客戶，每年都會固定問
候、送卡片或伺機送小禮物（例如客戶結婚生子時）。而其中的某
些客戶也曾再度回頭，甚至主動地介紹想購屋的親朋好友，好的人
脈是收入重要的源頭之一。

擁抱客戶

客戶就像朋友一樣，要發自內心地喜歡他。初識者，即使乍
看之下合不來，一定也可以發現他的優點，否則很難真心為他服
務，也就沒辦法做生意了，因為外表的刻板印象而拒絕往來，是
一件很可惜的事。有些人只是一開始先武裝自己，聊天後，對方
也許就卸下心房，深入了解其生活背景與特定需求，自然能夠增
進雙方的感情，有時候，還有機會變成好朋友呢。若一開始的態
度就很跩、很高傲，便無法真心地擁抱客戶。

愈是有錢人，愈不想讓人看出來。許多身價上億的客戶會武
裝、或甚至穿著普通也很常見；正如今天一個情婦小三武裝自己

也是可以理解的，因為她隨時都有可能被換掉。只要站在對方的
角度設想，自然就能理解，這也就是所謂的「同理心」。有志於
業務工作者，一定要有同理心，先調整好自己的心態，若自己就
是個不好搞的人，那又怎麼能要求別人好相處呢！

第四節

駕馭時間、善用時間

　　如同本書開宗明義教給大家的中心思想——「要聰明工作，
不要辛苦工作！」唯有能夠駕馭時間、善用時間的人，才有辦法
好好地工作，若是被時間追著跑，只會累得半死，事倍功半。

駕馭時間

　　有人認為做業務的什麼沒有，時間最多。不管是賣房子、賣
車、賣保險，業務人員似乎有用不完的時間，神出鬼沒，看似靈
活。然而，時間靈活並不表示業績比別人好、時間比別人多！

　　在這世界上，老天爺對所有人最公平的就是時間，每個人都
一樣，一天就是24小時，在不經意間，時間便無聲無息地流逝
了。重點是「不要讓時間控制你」。自以為時間很多，每天不做
事，無法兼顧生活品質與工作，天天睡到中午起床，下午兩三點

才到公司的業務，應該很快就被老闆炒魷魚了，遑論做業績。

有效率地做事，最好將適當的、價值高的物件預先挑選出來，再帶客戶去看，而非一個客人連續帶他看20間房子，不但客戶被搞得很煩，也浪費自己的時間，甚至浪費油錢跟飲料費。先具備了專業的判斷力與敏感度，才有駕馭時間的能力，進而快速提供客人物超所值的物件與特殊感受，客人自然喜歡跟著你欣賞房子。

善用時間

善用時間非常重要，每一天都要運用零碎的時間充實自己。不論是運動、或去郊外快走慢跑，都是充實自己的方式。閱讀是吸收專業知識最快的方法，固定利用晚上睡前的10分鐘讀財經刊物、與產業相關的新聞，也能有所進步。

從事業務工作，很難排出禮拜一晚上電腦課、禮拜二運動日、禮拜三聚餐日……這樣的時間表，希望過簡單生活的人，奉勸不要走上業務這條路。因為客戶的狀況百百種，可能是先生下班了才有時間陪同太太一起看房子，也可能客戶的孩子生病出狀況而不去看房子，周末假日也經常要配合客戶的時間出門帶看……，隨時都有不同的狀況，很容易打斷自己原本的生活。業務人員就該隨時歸零、適時調整。

BOX 他山之石：小何的做法——如何創造夠用的時間

雖然我的一天比一般人做更多件事情，但不會覺得時間不夠用。

我曾多次應邀演講時，特別因應聽眾要求分享「時間管理」這個觀點，在這裡提供給讀者參考。

請先掌握住一個基本概念——「善於利用時間的人，永遠找得到充裕的時間」。

時間管理與分配，其實與執行力、意志力有極大的關係。我自己用「時間管理九宮格」來管理事情，不會把全部事情都放在「很急且很重要」的區塊，但另一方面，有些事情放在「沒那麼急但很重要」時就容易被漏掉，但那件事極可能會是未來發展腳步的重點。例如我從高中、大學、研究所一路推甄上來，過程中必須準備很多資料，生活點滴、報告記錄、專題、獎狀等等，大學時期我在國科會拿到一個專題，很重要但不急迫，我把該專題放在心上，而且一直抽空規劃。

大學時我鮮少翹課、不遲到早退。下課後扣除打工時間，就是以服務同學為主，因為靠著意志力，念書到晚上，還能同時處理同學社交與需要幫忙的事，然後倒頭睡大約六個小時，隔天照樣精神飽滿地起床。

順便透露一個我個人覺得重要，不過不見得是最好的讀書方法：

各科目教材都會有「習題」，通常老師都會告誡學生「做習題時先不要看解答」，但我通常是念完課文寫習題時，一遇到不會的題目，馬上去看解答，仔細研究思考為什麼答案是這樣，融會貫通後再練習做一、兩次類似的習題，利用這種方式，我可以用最少的時間，達到「學會」的目標。有點兒像在走捷徑，但有時候不會的題目，自己找答案會花掉很多時間，甚至卡上半天，很浪費寶貴的時間；倘若看了解答之後就理解了、進而學會了，這樣得來的知識不也是自己的嗎？

雖然可能有人不認同上述方式，但我的觀點是，答案已經出現了，就趕快模仿，肯德基為何學麥當勞展店？小米機也參考iPHONE……道理其實都一樣。快速學習與模仿後，最終的結果還是你的，但這條路會讓你有更多時間去找到其他更棒的解答。找到解答學會之後，又很快地可以教別人。

只要快速學會，再內化為自己腦袋裡的知識，誰也奪不走它。
——靠著這樣的時間運用與學習方式，大學期間，我一直是系上三班合起來的前三名。

行銷管理

03 行銷管理

　　本章將進入銷售的核心技術，坊間許多人把行銷管理視為業務層面極為重要的一部分，卻不知道如何實際運用。我把行銷學的諸多理論輔以實例，並且列舉詳細案例搭配建議，讓從事業務的讀者們，得以快速上手。

以下介紹四大重點：

（一）產品策略——建立無敵的產品線，讓產品更豐富、更完整、更專營；

（二）通路策略——全面的通路包含實體、非實體、直接接觸與間接接觸；

（三）定價策略——完美的定價能吸引客人，包含成本、競爭與需求基礎的考量；

（四）推廣策略——掌握心理與銷售技巧並紮實運用，才是成交的臨門一腳。

上述四大策略不僅可以應用在房屋仲介上，其實在各行各業，凡是需要行銷的地方，都運用得到。做好這四大策略，在行銷管理上的架構就會更清晰，工作起來自然輕鬆有效率，能夠在速度、精確、成本，以及效益的多重競爭之中取得平衡。這也是本書著墨最多之處。

第一節

產品策略

以買賣房屋的業務為例，作為一個協助客人買賣房子的仲介，首先，最重要的是制訂正確的產品策略，產品的廣度也要夠，才是優秀而有能力的仲介。

假設手上只有一種產品，若客人需要截然不同的產品時，那就喪失銷售的機會了。有些仲介專門買賣豪宅，然而當常客的子女因為成家，想要買1000萬、2000萬的一般住宅，你手上卻沒有這樣的產品，自然沒辦法承接眼前的案子。

也有人僅專精於台北市中正區，只能夠處理捷運古亭站、中正紀念堂站，或羅斯福路沿線附近，一旦當客人指定要捷運中山

站的房子，或想住在景美、政大時，要是你完全不熟悉，自然輸
得無話可說。

無敵的產品線

歸納起來，無敵的產品線必須符合三個面向：豐富性、完整
性，以及專營性。（見圖3-1）

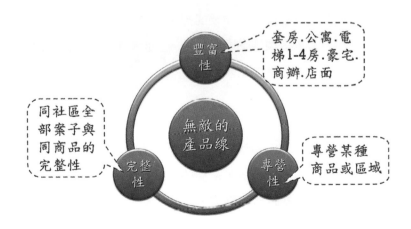

圖3-1 無敵的產品線

何謂豐富性？

豐富性應該包含些什麼呢？就是要考量你現有的產品線，也就是庫存，建議應該包含小套房、公寓、電梯一～四房、豪宅、商辦，以及一樓店面等等不同的產品。

所謂的豐富性還有另一個面向，亦即從區域內到區域外的全面延伸。不妨與同業或保全公司建立策略聯盟，讓產品的區域更為廣泛，自然能因應客戶們對不同產品、區域的需求，以便主動提供不同地區的好案子讓客戶參考。

若想朝豐富性發展，當然要能提供不同的產品線與多區域的產品，一旦客人欲更換地點與產品時，才能夠迅速應對，總不能客人要什麼沒什麼，更遑論成交了。

何謂專營性？

再來討論專營性。市場上這類專營的仲介，有些專注在商辦、有些專注在店面或廠房，這樣的仲介其實不少，不過就得要在同類型的商品上做到極其專業，才能夠獨當一面、異軍突起。

所謂專營性的特殊仲介，在業界相當知名的，主要是指戴德梁行、第一太平洋戴維斯，他們專門經營商辦與店面；另外，也有專營豪宅的，大師房屋便是專營豪宅的知名仲介。此類專業性

的房屋仲介，比較容易受到景氣與大環境的影響。任何一個法規
政策的變動，像這些年政府主力放在打擊豪宅，專營豪宅的仲介
所受到的衝擊便會很大。

何謂完整性？

再來談談完整性。同一個社區的所有案子，或同類商品若都
能夠握在手上，就具有相當的完整性。

舉例說明，例如人們一提到帝寶，這是眾所皆知的豪宅代
表，若是帝寶現在有四戶正在銷售，一個仲介若能做到帝寶裡頭
哪一戶要賣都很清楚，並且接到這四戶的委託代售，更厲害的
是，該仲介從管理員、管委會，從社區主任到各個委員全部都認
識，整個社區幾乎都由他包辦了，如此，自然而然，產品線便具
有相當的完整性。

作為一個仲介，產品線在豐富性、專營性、完整性這三項分
類中，至少要有一項非常專精才具備成功的條件。

TIPS　無敵的產品線，必須具有：豐富性、
　　　完整性、專營性

了解公司的專精

進入一家公司之前，必須先了解這家公司營運的主要模式。

若要走完整性，舉例來說，這家公司裡如果有十個人，那麼，每個人的手上至少必須掌握二～三個非常熟悉、完整性強的社區，如此一來，這家公司至少掌握了二、三十個社區，力量並未分散。一個人今天顧這裡，明天顧那裡，弄得亂七八糟，就連主要負責的社區有案子要賣也不知道，甚至別人已經成交都後知後覺，也就太離譜了。

重點在於，每一個業務手上至少有二～三個社區、並維持90%確保能拿到案子的可能性，才能稱得上真正擁有完整性。

業務的完整性‧公司的專營性

一個業務若能做到完整性，其能力已經相當成熟。而在專營性方面，則是一間房仲公司自我的定位要突顯、要明確。換句話說，剛開始單一的個人業務或許沒辦法立刻做到完整性，然而，老闆若能夠吸引到許多完整性佳的業務人員、或豐富性足夠的業務，公司原本自我設定的專營性定位與輪廓，就會逐漸清晰、明朗。

一個業務如果已經進展到某個程度，就必需再往豐富性的方向邁進。

由完整性與專營性往豐富性邁進

任何一間公司、一位主管，如何做行銷？在團隊裡要採取什麼策略？這些都需全盤考量。以房仲業而言，當然還是可以有專營性的考量，建議由其中一名業務負責就足夠了。以我所在的中山區為例，有房仲專門接500～600萬以下的套房商品，像這種偏低單價、較不精緻的商品，他的手上就有一、二十個案子。也有專門在做店面的人，主攻透天的店面型商品。另一位同事專門接三房的案子等等。由個人來經營商品的專營性，集合起來，公司便完成了豐富性，這樣的一家公司當然能達成高績效。

公司裡有五種專營性的人才得以互相搭配，自然滿足了豐富性。客人來到這兒，要什麼有什麼。而在完整性方面，則要求業務使命必達。例如業務自己居住的社區、或自己租房子的社區，都必需要做到認識管理員和主委等等，才能掌控到完整性。

再如，由物業管理公司所調派的管理員也可能輪調至不同社區，若你與該位管理員調性較合、較為投緣，也許就能透由他的關係再多涉足到其他社區。

一家公司若是十個業務各自都有二、三個具完整性的社區，再加上各自追求專屬的專業性部分，這家公司的豐富性就會十分齊全。把它當成長期目標，主管們可以隨時檢驗哪一塊有所缺失，或哪一類商品有所不足，時時調整、補足。

　　行銷管理的第一個重點，就是齊全的商品。業務不論賣什麼，產品都要先準備好，貨要好，量要充足，東西漂亮，自然就能吸引客戶上門。

BOX 他山之石：小何的做法

　　以自身實際的房仲經驗來談，小何的建議是，剛入行的年輕人，若有自己熟悉的管道最好，若無相關背景也尚未累積經驗，則建議從套房、或老房子入門，起步從較小坪數、金額較低的商品開始，否則對一個沒有經驗的房仲業務，客戶既不會想跟你買，也不會提供商品給你賣。像豪宅、店面及商辦等高價位商品，就必須有一定的資歷與實力，人家才願意讓你接手，也比較容易上手。此外，愈大的案子，結案時間通常會拖得很長，有些業務甚至會因為沒有足夠收入存活而轉職，這也是必須考量到的面向。

　　不論個人或店家，在產品策略上都必須加以補足，如果個人已具有專營性和完整性，便可以再朝豐富性邁進，讓客戶群不斷地自動、加倍衍生出來，這時手上的物件自然會愈來愈豐富。

第二節

通路策略

　　通路策略的擬定是重要的行銷手法，現代的今日，理當應該分為實體與虛擬二路並進。十多年前，大都仍以實體貼宣傳單占廣告的最大宗，這幾年流行雇人拿牌子站路邊等待客人主動上門等等，這些都是過去時興的做法。然而，如今還必須兼顧到日新月異的虛擬通路，才能面面俱到。

　　有一個顛覆以往的重要新觀念在此必須提出，以前的房仲業務總覺得通路要以自己為主體，自己最重要、最厲害，什麼事都要自己來；然而，依據實際經驗，只要管道暢通，其實每年有1/4～1/3以上的成交件數是由同業間的合作所創造出來的，因此，我的心得是，不要輕視與同業之間的合作。

　　無論在內部或外部行銷上，通路策略都相當重要。所謂的外部行銷，正是與同業合作的部分，可說是一種「有錢大家賺」的概念，利用與同業之間的相互合作，能減少很多無效率的時間耗費，還能減少相當多的外部成本。過去，房仲業談到通路時，很少人會提及同業，不過，本書接下來將透過許多不同的例子，說明同業間合作的重要性。

2-1 服務通路的類型

　　服務通路，基本上區分為實體、以及非實體通路，本書更依據接觸的形態細分為直接接觸、間接接觸兩大方向，以下就來探討其中的相互關係及交錯組合。（見圖3-2）

圖3-2 服務通路的類型

實體通路

　　客戶會直接接觸的實體通路，亦即所謂的店頭，過去多半利用報紙廣告、或俗稱的小蜜蜂（也稱為小漂漂），也就是那些貼在外牆、電線桿、公佈欄上頭，供人家撕取電話坪數等資料的小紙條。實體通路的間接接觸方式，指的是藉由同事與同業的傳播，也就是再轉一手、資訊才會散播出去。藉由同業所接到的物件，或公司同事所接洽回來的物件，在通路上非常重要。

　　舉一個誇張的實例，當客戶指名要購買某特定物件，事實上該個案屋主根本已委託自己的公司販售了，結果你卻不清楚，進而導致客戶跑到其他同業店家購買，這就相當可笑了。就像客戶進店來指名要買中山區「六本木」這個個案的房子，你卻告知沒有，更建議他到其他品牌店家去購買，實際上，公司裡就有同事正在委賣「六本木」的個案，如此，極有可能把可以成交的客戶往外推。要想避免上述情況，務必做到充分瞭解同事手上的物件，也就是整個公司的庫存。

BOX 他山之石：小何的做法

　　小何的做法是，所有重要個案都寫到白板上頭，一目了然，每日由助理做好「看板管理」。

　　目前這樣的做法，在小何的輔導下，也在住商不動產全台灣其他店面推廣中。如果本位主義太重，就很容易發生上述案例把客戶往外推。

　　小何也不諱言，我個人與台北前幾大仲介業務之間還有一個LINE的群組，裡頭成員來自不同的房仲公司，這就是跨業界的合作。只要促成交易，業績便雙方對拆，同樣能替公司與個人帶來不錯的利益。

　　短時間內就算無法跨業界合作，至少公司同事之間要做好看板管理，有同事之間的LINE的群組，方便了解各個同事手上的存貨，在銷售上自然有所助益。

利用同事與同業打天下

只要一拿到新物件，立刻把基本資料上傳至公司群組，讓大家得以在第一時間知道。有個概念再次重申，不論公司同事或同業，其實都是通路之一，沒有非要靠自己才得以接觸到客戶的道理，利用周邊各種人際網路的擴張，亦能事半功倍。

如今，一個客人要買或賣房屋，第一個步驟不見得是打開電腦查網路，反而是自己所熟稔、信任的房仲業務優先跳到腦海中。業務一旦遇到這些回頭客時，手上要有足夠多的商品可以介紹，若恰巧沒有適合的，就要靠同事或同業提供。這些重點隨時存放在腦袋裡，自然能夠迅速促成交易，否則就會變成「啊，我手上好像沒有中山區「六本木」這個社區的個案，也沒有某某社區的案子…」，或完全不知道這些社區裡頭有哪幾間正在出售，像這樣是不可能做成生意的。

公開資料，大家一同來去化庫存

很多時候，仲介搶的是時效性，如何以最快的速度讓手上物件流通、配對。我經常遇到某些業務，自認為手上物件很不錯，想要自己賣，於是隱匿資料，雖說有可能成功，但這樣的做法實則缺乏效率。就算你今天手上拿到了一個不錯的物件，每天在樓下放個三角牌守株待兔，但可能的潛在買主多半想透過熟識的仲介購買，而不會找一位陌生的房仲吧。此時，你仍得要跟對方相

互配對銷售。也因此，既然機率都是一半一半，倒不如一開始就直接OPEN，把物件公開，一方帶客人，另一方則帶屋主，大家一同來去化案件。

針對這樣的房仲，也有一些方法可以閃避。例如預先拿好鑰匙，並請人做好看屋所需的登記，帶看時直接把車子駛入地下室，待買方看完自己手上的案子就走人，根本不讓客戶有機會接觸到任何想攔截的其他仲介。

BOX 他山之石：小何的做法

假設，買方就是堅持找小何我購買所指定的物件，那麼我一定會與那位在樓下放三角牌的業務直接聯絡，指名與他合作，或透過開發業務方達成這筆買賣。總之，最後的業績仍是對拆，讓該名業務原本想通吃的如意算盤成為不可能的夢想。

非實體通路

非實體通路主要指的就是網站。直接與客戶接觸的是自家公司所架設的網站，像本公司就是住商網站。若在中國大陸，還會

使用像We chat、QQ、或丁丁等社群媒體的工具。在台灣,也有人採取在臉書Facebook、或LINE上頭推薦介紹的方式。不過,這兩種方式已有許多房仲表示很快就被洗版,效果不佳。

　　相較之下,比較可用的是非實體通路的間接接觸,亦即透過他人所架設的平台讓自己的物件大量曝光。在中國大陸,最有名的是愛屋吉屋,另有趕集、淘房網等等;至於在台灣,比較有名的就屬591、樂屋網與好房網。當然,上這些網站也需要一定的成本,像591的知名度如此普及,可能花了數千萬的廣告費,肯定要好好利用這樣的現成通路。

2-2 電子通路的優點與挑戰

　　電子通路,也就是網際網路,可說是當今所有行銷工具中最重要的一項。不管是自家公司官網、他人架設的知名平台、Facebook,或各種相關論壇等等,都是大眾慣用的工具。當資訊快速散播的同時,有其優點,相對地挑戰也不小。

電子通路的優點

電子通路包含五個特性：高穩定、低成本、便利性、寬廣性、回饋性，以下依序探討。

1. 高穩定

高穩定性是網路最大的優點，因為系統已經建置完成，客戶的熟悉度高、使用容易。人有倦怠或脾氣不好的時候，也都需要休息，然而網路行銷24小時都在，服務極為穩定。目前全球各行各業都在使用，正如各公司官網是消費者直覺上可以找到相關商品的所在，建議應該花最多心力加以維護。

2. 低成本

電子通路的第二大優點是成本很低。舉例，花1500元的費用能在網站上曝光三個月，若用1500元來印製宣傳單，就算一張只要3毛，4500張沒兩天就發完了！光從時間性做比較，就能確知網路的成本比較低廉。

再與傳統的小漂漂或發傳單、塞信箱等方式相比，其實人力的工資很高。一名工人一天大約可遞送出300～400張傳單，單日工資就是1500元，再加上印刷成本等，算起來每一張傳單的成本在5～8元之間，顯然不划算。

3. 便利性

　　網路非常便利，隨時隨地都能使用。住商不動產甚至已經推出720度的看屋服務，包括物件的座落地點、外觀、內裝等，任何人在任何地方皆可上網預先觀看，再決定是否有必要到現場實地看屋，十分便利。

4. 寬廣性

　　電子通路的寬廣性十足，不單只有業務所在的這一區域看得到，事實上，透過網路，全世界的人都能搜尋得到你的物件，別的競品也在網路上隨時出現，這就是網路的寬廣性。

5. 回饋性

　　網路的回饋性其實還不錯。在人與人愈來愈冷漠、生疏的今日，透過網路，不需直接面對面，能迅速以私訊、留言、提問相互溝通，相較之下，回饋性反而比較好。因此，從事業務者不要避諱在虛擬世界解釋或回答問題。

　　在以往的環境裡，老一輩的人認為打電話直接溝通是美德一件，不過，現在許多年輕人不喜歡講電話，因為覺得心理壓力很大，像工程師常常只面對電腦等機器，愈來愈不擅於與人接觸，這樣的人愈來愈多了。他們寧可透過線上訊息或透過網路往來。這種轉變不可不察。

TIPS 電子通路的五個優點：高穩定、低成本、
便利性、寬廣性、回饋性

電子通路的挑戰

　　電子通路有其優點，當然也存在相當多的挑戰。以下就價格
競爭、彈性有限、網頁不友善、負面評價、廣泛的來源競爭等項
逐一探討。

價格競爭

　　在挑戰方面，第一個便是價格競爭激烈，此為網路最大的
缺點。

　　同一個案子放在網路上，價格肯定透明，沒有機會賣得比別
人更貴。假設今天同個案子透過信義、永慶、以及住商三家來
賣，如果你的開價開最高，那你接到電話的可能性一定最低；反
之，最有可能接到客戶電話的，一定是開價最低的那間房仲。

　　再如，若屋主委託書開的是6000萬，照道理應該每一家都是
6000萬的價格才對，任何一名業務都不能違背屋主的意思，在網

站出現5500萬的價格。一旦如此，立刻違法，遭到檢舉馬上就會收到行政裁罰。若當真遇到這類破壞規則的人，我們也會主動告知屋主，建議取消其委託、不讓他賣。因為他如果開出5500萬，那客人100%會殺價、還價，屆時傷害的仍是屋主的權益。

所以，在價格競爭面，必須隨時注意網路上同一物件的價格，不管是其他仲介降價，或甚至是屋主本身自己降價。

彈性有限

網路上的彈性極為有限。人在講話、溝通時可能會有話術的彈性，然而在網路上面就只有清清楚楚的白紙黑字。君不見常有品牌或賣家KEY錯數字而造成消費糾紛，最後品牌或賣家肯定是輸家。舉例，明明就是一間20年的房屋，但卻打成18年；明明只有32坪的物件，你卻在網路上標成36坪，不出事也難。因為消費者受到法律保障，因此，絕對是誠實為上。務必對自己的物件有相當的了解，才能把所有的相關資料記述上去。

不友善的網頁

網頁的不友善也是件麻煩事。系統不同，友善度自然有所差異。591的網站在使用上還算流利，其他或多或少都還有待加強。若是網站本身不好用，那麼物件放上去也不見得有用，只是這一點並非短時間內能夠改善。像之前591也曾發生過因為沒有

扣除車位，而造成一些計算模式差異的問題。而網頁的友善程度，也是造成該網站流量是否能夠成長壯大的主要原因之一。

負面評價

電子通路遇有負面評價，應立即處理，這是目前多數人使用網路較常遇到的煩惱。以FACEBOOK粉絲團為例，即使按讚人數很多，仍會遇到少數人罵髒話、惡言相向等情事，建議馬上處理，或是把不實負面留言刪除等等，務必要花時間心力管理粉絲頁、官網與部落格，避免他人的惡意中傷、或胡亂留言所造成的負面評價再度擴散，才能圓滿解決。

廣泛的來源競爭

一個會上網主動蒐尋資料的客戶，他肯定能取得更多房產資訊向你「嗆聲」。因為現在資訊非常透明，業務以為自己手上一坪80萬的房子已經很便宜了，結果他還找到同樣等級、甚至同一棟大樓，卻只賣70萬一坪的房子，你當然無法贏得這名客人的信任，他當然不會向你買房。

尤其，自民國101年8月內政部實施實價登錄的制度之後，所有消息來源對房仲業務而言，都是多重的競爭。在今日景氣差、房市慘的現實狀況下，必須向屋主說明、並要求不能賣太貴，因為消費者的雙眼是雪亮的，否則賣不出去也並非業務一人之

責啊。

此外，錯誤的來源競爭，也是耗時費力要處理的麻煩事。

許多時候，因客人的不了解而給了一堆不正確的消息。假設你手上有間每坪50萬元的案件，你正心花怒放之時，卻有客戶告訴你，附近有間一坪40萬、甚至開價35萬，並且裝潢得極為漂亮的物件，先不論點閱率高低，客戶立刻就以這個消息來跟你議價了。主因就是客人不夠專業，並不知道它根本就是海砂屋、或它就是凶宅，然而客人就是會被這樣的消息給磁吸過去，完全沒辦法與他理論。

有時客人還會拿那種一層二十戶、出入較複雜的個案，來跟一層只有兩戶的高級物件比較，其實是非常不恰當的。

畢竟「隱惡揚善」是網路的特性，然而這樣的差別在網路上不容易立刻判斷。導致房仲必須要花很多時間與唇舌向客戶解釋，建議直接帶客戶到物件的所在處親自看看走走，讓他了解該物件之所以價格偏低的實際原因，全盤的說明與理解，才能讓客戶做出最後的決定。

以往較不會發生的這些事情，如今隨著網路的發達與透明

CHAPTER **03**

行銷管理

化，如何事先為客戶一一剔除不正確的消息，未來應該會成為越來越重要的工作。

TIPS 電子通路的挑戰包括：價格競爭、彈性有限、網頁不友善、負面評價、以及廣泛的來源競爭。

2-3 同事與同業的管理策略

在實體通路的間接接觸這一項，也就是與同事、同業之間的管理溝通。在此，區分為控制策略、激勵策略、以及夥伴策略等三個不同面向來討論。

控制策略

首先，在同事與同業之間，關於控制開價、以及行銷手法，「一致性」極為重要。

071

例如，為何如此開價的諸多相關原因不僅要告訴屋主，同時也要告知同事與同業，讓他們清楚之所以這樣開價的理由，當同事同業們向新客人解釋時，應當要口徑一致。屋主若是因為子女要出國留學或移民而售屋，與欠債急需周轉現金的當然大不相同。讓同事同業們知道，主要為了避免買方開口詢問時，答案相互矛盾，反而讓買方客戶留下不好的印象。

　　控制開價的策略上，舉例來說，同一個屋主在同一棟大樓中，有A、B、C三戶要銷售，其中，A戶的條件最差，B、C戶的狀況較好，比較好賣 ； 這時候的策略，一定要讓A戶優先脫手賣掉，價錢上建議訂得較低一些。比較好賣的兩戶在價錢上則訂高，以確定A戶能夠先出清（正如前面「廣泛的來源競爭」所提，A戶若不先出清，賣到最後極有可能賣不掉）。這種時候，無論在價錢的控制、以及行銷話術上，都必須相當謹慎。

　　房地產業界曾有一個知名案例，一間評價不錯的建設公司準備推一個每坪150～160萬的預售案，卻發現旁邊有棟剛蓋好一、二年的成屋，其中一位屋主因個人因素，竟開價一坪100萬元，建設公司於是二話不說，一口氣直接買下。目的在於避免預售案推出時影響銷售，這也是一種行銷上的控制。

激勵策略

　　任何激勵都是重要的。有時候，為了實質上激勵同業，不妨提供四六拆帳的讓利方式。房仲業界的行規，在同事之間多半採取五五平分拆帳，部分同業間也如此，今天我們若是開發方，或許能考慮提供多一成的讓利，請同業願意加快速度幫忙銷售，讓同業與其同事之間比較好分帳，這是一種利他的做法。

　　例如我方業務是A（住商），其他品牌的同業業務是B。如果採用四六拆帳，就是我方賺四成，而同業賺六成。

　　假設同業B是自己賣掉該房屋的話，那他個人就是賺六成（比他在公司裡，與同事的五五拆帳獲利更好一些），但如果他只是資訊過水、轉過一手，由與他同公司的同事C賣出物件的話，那他就只能賺二成，而同事C賺四成。像這樣子A四成、B二成、C四成的4－2－4方式，可算是業界一種不成文的做法。當然，業界也有人使用其他拆帳方式（例如傳統的五五拆帳），只不過，4－2－4的拆帳方式比較能夠激勵其他同業幫忙行銷。

BOX 他山之石：小何的做法

在前述同樣的案例中，即使屋主給予專任約，小何仍舊採用四六拆帳的方式，自己只取四成，一切都以「迅速將物件成功銷售」為主要目標。因為，即便是專任約，若跟屋主所簽的時間到期了，卻仍然無法售出的話，該專任約很可能會轉給其他公司，如此對自己更沒有益處。

最重要的出發點就在於「讓利」二字，如何使手上案件快速完銷。小何的想法是，即使讓出些許利益，也總比未銷售成功而賺不到一毛錢要好。畢竟，在這個行業裡，銷售的速度是件相當重要的事。要是三個月內賣不掉，屋主每天打電話甚或到公司裡催你想辦法，那種壓力可說是很大啊。

無論如何，房市景況處於下坡，既然要拜託同事同業幫忙，倒不如採用實質讓利的方法，盡速去化掉手上庫存，讓利的做法值得房仲業主管與老闆們借鏡。

唯一的例外是，若其他同業自己帶來買方，而非我方拜託協助銷售，此時就沒有必要讓利，仍採用一般的五五拆帳。

BOX 他山之石：小何的做法

　　小何的讓利還包括自掏腰包送紅包、送旅遊行程。曾有數次，他遇到手上有價格不錯的案子，屋主也想盡快賣屋，為了避免讓同業有可乘之機，腦筋轉得快的小何甚至自掏腰包提供額外獎勵。例如台北市漢口街的大案子，小何便提出某個日期之前完銷的話，小何個人提供所有同事到花蓮旅遊三天的獎勵。也曾直接給予現金實質獎勵，讓公司的其他同事願意抽空優先主攻該案。

夥伴策略

不要把同業跟同事當成你的敵人，而是當成你的夥伴！

　　把整個通路裡頭的同事、與同業通通當成你的好夥伴，讓合約順利簽成，賺取合理的服務費，這是身為一名業務最該努力的重點。根據小何個人長期的觀察，擁有這種「夥伴觀念」者的平均業績都高出他人二、三成；若總是互扯後腿，常常與人發生爭端，或許短期看不出來，長期而言，業績一定往下掉。

　　也有些同業總是要求在案子裡要拿到佣金的六成、甚或七成，如此一來，別人當然不滿而不肯幫忙，長久以往，該名業務的案子一定不易推動，也會被同業中傷，或放出莫須有的謠言抹黑，對業務本身或對其所代表的業主、公司而言，皆非好現象。

既視之為夥伴，就應該協助案子的談判，無私奉獻以達到迅速簽約的目的。假使某案的屋主已經答應很好的條件，然而買方這邊的業務或因口才不好等因素，只差臨門一腳就能結案，這時賣方的業務就該出面協助談判，以促使簽約迅速完成。與其花時間互相指責、互扯後腿，倒不如互相幫忙，更有效率。

　　以量制價，薄利多銷，乃是銷售市場裡的不敗法則。

BOX 他山之石：小何的做法

　　遇到買方需要幫忙時，小何即使身為賣方業務，也會在第一時間給予協助，而且事成之後，也不會因此而要求更多酬勞。小何認為，一邊是開發方，一邊是行銷方，各自有其利益，就算是五五分帳也好，唯有迅速完售才有助益。有時還會因為條件談得比較好，舉手之勞反而讓雙方賺取到更大利益。重點就是彼此要互助。

　　若只在意蠅頭小利，有些主管甚至肖想要分一杯羹，這種只想賺錢不顧屬下辛勞與團隊合作的難看嘴臉，傳出去對名聲都是不良的影響。有些狀況連小何都看不下去，實在很想對房仲好友說句真心話：「如果上司或公司的環境讓你無法大展身手，不如乾脆跳槽他處，良禽擇木而棲，賢臣擇主而事。早些另覓良木吧。」

2-4 人際管理經營方向

　　上述幾節主要是談運用各種行銷手法找到對的購屋者，本節則是教導大家如何運用人脈找出潛在的新客人。人際經營是現行以最少成本獲取最大利益的最佳做法之一，極其重要。分為七個面向，以下一一說明。

親朋好友

　　人際關係裡頭，每個人一開始想到的，就是親朋好友。事實上，親朋好友的生意往往最難做，即使介紹真正的好物件，仍有可能被親近的親朋好友們嫌東嫌西，更麻煩的是會利用雙方關係砍殺更低的價格，可說是最能看清人性的真實面貌。小何認為，最難討好的客戶便是親朋好友。

　　可是話說回來，一個房仲新鮮人，如果不先從親朋好友開始著手、擴散，又怎有成功的可能性，甚至連練習的機會都沒有。

　　在此，仍然建議年輕房仲業務要從親朋好友開始自己的售屋之路，不管他們買不買，請務必向他們做個完整介紹，藉機檢視能否說動他們。如果你的開場白與主軸都講得丟三落四，連親朋好友都聽不下去，那又怎麼能向陌生客戶介紹呢！遇有不足之

處，親朋好友也比較願意對你說實話，提供改善意見。

小何的衷心建議是，一旦確定從事房仲工作，馬上以各種方式告知從小到大的同學們，並與一些久未見面的親朋好友聯繫，讓他們知道你現在正在做這項業務，或許未來他們有更換房子的需求時，會想到身邊有個人是房地產的專才。

 買方變賣方

這是很重要的人際關係，人生常常計畫不如變化，總會有不同方面的需求，既然客人現在要買，之後當然也有要賣的可能性！換屋可是人生的重要大事。

我的心得是「多開口與客戶聊天！」有些業務帶看時，並不懂得跟客戶多聊天，藉由天馬行空的胡亂聊天裡，察覺客戶未來人生轉變的蛛絲馬跡。某些業務今天帶看一間房屋，若對方不滿意，一句「好，拜拜！」便一直要到下次找到適合物件欲帶看時，才會再與同一位客戶聯絡。要是與客戶之間都沒有來電的交流，可能會白白錯失一些機會。反過來說，賣方自然也可能變買方，這些都有待有心的房仲一一詢問與開發。

老客戶介紹

　　由舊有客戶介紹來的新客戶務必優先處理,當然,若是遇到客人素質不佳,還是只能放棄。但是,良心建議是遇到這樣的客戶一定要親自招呼,當下就先打電話與新客戶聯絡,一方面是給老客戶一個面子,千萬不要老客戶特地介紹了新客戶給你,你這邊卻無聲無息,沒有後續消息。二方面是任何機會都是好機會。

　　換個角度看此事,若買賣順利成功的話,一下子就緊緊抓住了兩組客人。對老客戶而言,如果一舉成功,讓他臉上有光、龍心大悅的話,以後極有可能介紹更多客人給你。我的做法是,每年三節等重大節慶,透過固定寄卡片和送禮,藉以維持與老客戶之間的良好互動關係。

 投資客

　　市場上,不論大、小投資客,甚至菜籃族,只要是「非自用」的出租房屋,皆可認定其屬於置產型投資客。這些手上有閒錢、有餘裕,可能擁有房子數量也不少的客群,一定要維持良好的互動。

尤其，這些人因為房子多，政府稅制上的任何變化都很容易影響到他們，更需要專業的對待，相對地，這群人也是比較願意信任專業的一群。加上他們長期投資置產，有買就會有賣，投資三、五年後，就可能要賣出獲利了結，再更換投資標的，因而再次購屋，或是長期出租卻遇到特殊狀況導致想賣屋等等諸多案例。

　　所以，投資客不只單單具有財力而已，他們買賣的次數較多，要求速度較快，服務更要做到完整。尤其是那些好不容易有了一筆閒錢、想投資房地產的人。一旦為這些投資新手做好第一次的服務，當他們因優質服務而更加信任你時，你已經牢牢地抓住他們了，自然而然成為未來的長期客戶。

　　日後，當他們想賣屋時，或許因為當初你的談判協助他們確實賺得了利潤，對方因信任你而提供較好的出售條件。這時候，其他家的業務即使想介入，也無法獲得如你一般的好條件。

BOX 他山之石：小何的做法：取得信賴勝過心機角力

　　小何本身就具有設計公司及空間規劃的專業背景，客戶購屋後，能夠立即協助規劃空間格局，在相同坪數條件下，創造房屋更大的價值，自然更容易取得客戶的信任。

　　尤其，投資客本身在殺價、裝潢上也極為專精，與其雙方高來高去，還不如取得其信任才好做事，雙方一條心，商品才能更快脫手。以投資客而言，就算買賣雙方反過來也是一樣，只要能跟客戶變成朋友，為客戶盡心盡力做出最好的選擇，做事情自然便利不少。（築巢空間設計有限公司／**www.nestdesign.com.tw**）

大樓管理員

　　一個稱職的房仲，對於自己目標社區裡的大樓管理員、總幹事、主任等等，務必平日就要打好關係。假設社區內有名屋主要賣房子，由於一個人一輩子會賣幾次房子，次數手指頭都數得出來，毫無經驗的屋主若詢問管理員或總幹事介紹房仲，他們肯定會介紹熟識的、形象好、且在社區裡曾有過實績的房仲。

　　想當然耳，這些人的手上一定有一大把房地產業務的名片，如何脫穎而出，要有與眾不同的技巧。

所謂的目標社區，就是在一個社區或一棟大樓裡面，至少曾經成交過一個案子以上，符合此前提，才有後續經營該社區或大樓的可能性。管理員或主任只認可曾經成交過的仲介，當你成交交屋後帶新屋主過去填寫相關的住戶資料時，他們才會認同你的實力。

　　之後，每一次進該社區帶看時，切記更謙虛、更客氣，偶爾買個飲料點心，與他們親切地聊天、關心他們的身體狀況。因為，除了專業的服務，有禮貌更重要。一旦案子成交了，可以順便告知他們，你個人很喜歡這個社區、覺得社區哪裡很棒、與眾不同等等，在聊天的過程中順便獲得更多有用的資訊，例如有無其他人想賣屋請介紹，甚至可以告知仍有對此社區極有興趣的潛在客戶，自然地與他們接上線。除了擁有成交的實力，能夠充分利用每個機會獲得情報，也是一門學問。

 銀行貸款部門

　　景氣不好的大環境下，與銀行貸款部門之間的人際關係，也是房屋仲介值得花心力經營之處。重點在於，一定要協助客人取得最佳貸款。

許多銀行的貸款部門非常相信仲介的專業，甚至在地區詢價時，也會來探詢某些仲介的看法。換言之，銀行決定放款之前，常會多方詢問幾個不同的房產專業仲介，以確認合約及售價上的正確性。因此，如能獲得銀行放款部門的信任，對於解決客戶的貸款問題將更為便利。

此外，逾放時，銀行也會通知行員，這時行員可能會優先通知關係比較好的仲介，請他們先去跟屋主接觸，看屋主有沒有銷售上的需要。畢竟銀行並不希望手上的資產淪為法拍；放款的行員也不希望因為屋主未按時繳錢而讓自己被記點；而屋主則可解決掉燃眉之急。

多了熟識的銀行貸款部門這樣一個管道，仲介自然能有更多更快的訊息、也有便宜的房子可賣，可說是多贏的局面。

> **BOX 他山之石：小何的做法**
>
> 小何在一個物件成交之前，會預先準備好三、四家熟識的銀行名單，只要一通電話，一、兩個小時之內就能提出估價單（畢竟各家銀行在貸款時的額度、利息等等，各自不同，交由客戶自行評估）。尤其是企業戶，在估價方面將更為重要。

代銷人員及建商

代銷人員與建商也是很重要的通路來源。如果一個建案賣到只剩下三、五間，建商再請代銷公司銷售並不合算，這時就會交給仲介處理。因此，如果你與建商的關係不錯，就能夠盡早拿到此類餘屋。

另一方面，跟代銷公司的關係也很重要。代銷公司只專注於賣全新的成屋，過了幾年，當這些屋子再度要買賣時（例如投資客的這類屋主），就需要仲介的幫忙，此時也需要熟稔的代銷介紹。

此外，房子蓋好前，因為尚無戶籍謄本、也沒有門牌，只有代銷人員才能夠接觸到初始的購屋屋主。如果跟這些代銷人員的私交良好，他們自然可能會介紹一些投資客的案子。成交之後，再給對方實質的回饋，自然就能維持雙方的良好關係。

這一點也牽涉到後面會解說的一條龍方式，亦即從建商、代銷打好關係，還沒蓋好就開始賣。與建商關係良好另有一個好處，便是可以實際進入工地帶看，甚至由建商準備好車位，以及安全帽等等必要的措施，高手房仲甚至能跟代銷公司同時開賣最新的建案。

BOX 他山之石：小何的做法

　　若是在蓋屋之時便先起跑，別的仲介又沒有管道能進來，同時還掌握住屋主，待建案蓋好之際，或許整棟大樓都是你的了！因為這些住戶可能隨口問問，卻到處都會聽到住商小何的名字。

　　這也是一條龍的開端，至關緊要，只要能夠順利地進入其中經營，便是成功的一半了。就算不賣房子，具有設計背景的小何仍能協助提供裝潢相關的專業建議，互助共榮的關係便建立起來了。所以，新進人員多角化增進專業能力，不管像小何這樣能夠提供裝潢的專業，或對於法規的嫻熟等等，都是提升自己專業能力的方式。

2-5 解決衝突與提升合作

　　在房屋仲介業裡，以上所提及的通路，都會牽扯到人與人之間的溝通，所以不時可見衝突的發生。例如當買方出價不到屋主想賣的價錢，導致未能成交時，業務便互相責怪對方，買方業務怪賣方業務為何不去議價，而賣方業務則指責買方業務怎麼不拉高價錢。但凡立場不同就容易產生衝突，建議利用下列方式解決彼此間的衝突，進而提升合作的可能性。

讓通路成員參與決策

定期開會，與固定的合作伙伴共同討論如何銷售、如何訂出定價。銷售前，清楚地分享每一個案件的優缺點，並且加以解釋，務必讓同事們清楚了解，才能一同銷售。話術上也要口徑一致，若該套說詞能打動同事，甚至連自己都被說服因而心動想買，自然就能吸引到潛在購屋者。

強調共同目標

強調共同目標能夠有效提升合作。人，畢竟都是本位主義，就算前面規則已經說定，仍有人想多分利潤，或僅僅出了些舉手之力，便想分錢。共同目標應該是「讓交易圓滿完成」與「讓公司利益最大化」，也就是讓買賣順利並收到合理的服務報酬，任何和這兩個抵觸的動作都不應該出現。

成員將整個通路視為一體

簡單來說，就是炮口一致向外，而非對內放炮。若是自己公司內部就吵不完了，對於效率、及組織整體的利益絕對不會有幫助。

增加階層間的互動

增加同公司內各階層以及同階層的互動，有助於業務上的相互合作。許多店長跟屬下從不互動，也不清楚自家有何好案子，當然在店務會議裡不可能提出策略，也無法提升配對的機率。例

如中山區若接到中正區的案子，就該提出來請中正區的店長協助，務求提升銷售的機率與速度。

如果業務人員老是各自為政，接到案子只知道輸入自己的電腦裡，不與同事們分享，當然沒有人願意幫忙銷售。切記，業務這個行業一定要靠「互動」才能增進業績！

仲裁與調停

仲裁與調停一般是由各店的店長負責，必須事先制訂良好清楚的規則。遇到問題時也要主動提出，對就是對、錯就是錯，隱瞞不說只會讓事情更混亂，最糟的還可能引發爭吵或打架，狀況層出不窮。畢竟各店的制度、或各主管的觀念與作法都不同，愈是如此，遊戲規則愈應該事先講清楚、說明白。

假設，現在有個1000萬元的案子，屋主付服務費4%（亦即實際上必須賣出超過960萬，而以1000萬稱之為達標）。這時A業務的這一方客戶要以970萬購買，公司可得的服務費是10萬元；而B業務這方的客戶欲以990萬購買，能讓公司收到30萬的服務費。若是A先B後，時間前、後僅差一個小時，借問此時該如何處理呢？

以住商中山捷運店的遊戲規則為例，就是以誰先達到1000萬就由誰成交。我們會請先出價的A出來談，看能不能夠提高，

同時也把B約過來以第二順位的身分在旁等待，如果A願意提到1000萬，就由A成交簽約；如果不願意，就看B是否願意提高，只要能夠達到1000萬，就由B簽約，一切以公司的最大利益為考量。由於業績是對拆的，因此也必須要對開發方負責，今天如果960萬就簽約了，那麼就會變成開發方業務賺5萬元業績，銷售方業務這邊也一樣賺5萬元業績而已。要是能夠簽到1000萬，則兩邊都可賺到20萬元業績。

另一方面，若是A一開始便已經達到1000萬，即使B這方再開價1100萬，也是由首先達標的A成交，否則，不斷競爭下去將沒完沒了，對已達標的業務A也不公平。

通路整體利益影響個別成員的利益

曾聽聞過同公司的業務扯自己同事的後腿，以不實的資訊破壞成交，這是極為離譜之舉。雖然，內政部已施行實價登錄，可惜客戶不一定有這個資訊或概念願意事先做功課，可能也就會受騙上當。然而，一個房仲業務在外面闖盪，其實代表整間公司，一旦破壞公司的名譽，個人或公司的品牌形象也都同時受損，對自己沒有好處。

還有些同業會破壞其他公司的成交藉以攻擊他人，此種作法實不可取，尤其是那些以不實資訊欺瞞或攻擊的方式，最後只會使得無辜的屋主遭受波及，是非常不道德的行為。

第三節

定價策略

　　完美的定價會勾起客人想要了解產品、進而購買的心理。定價的重點有二，一個在於所賣商品（物件）的定價，另一個就是服務費的定價。這些都必須在包含成本、競爭與需求基礎下的綜合考量，才能訂出最後的完美定價。

3-1 服務費定價的特別考量因素

　　房屋仲介所賺取的合理費用，就是服務費，因此，服務費的重要性不言可喻。以下將服務費定價分為成本考量、需求考量、顧客考量、競爭考量、產品考量，以及法律跟道德等六大面向加以討論。

成本考量──能打平賺錢的才做

　　專業的服務與知識，當然於情於理於法，都要能夠收取合理且心安理得的服務費。不管是4%、3%、2%，無論向客人收多少服務費，重點是必須符合你所付出的成本，一定要能打平、甚至賺錢，如此，這個事業才值得全心投入。

人們工作是為了家人與自己的五斗米，許多業務常常為了成交而不惜血本，例如現在有間500萬元的小套房，如果你跟人家保證服務費拿2%，亦即服務費10萬。若再與他人對拆，最後到自己手上的只有2～5萬元之間，為了賣掉它還花了自己的時間成本去站路頭、貼飄飄、發彩色DM廣告，仔細算一算應該虧很大。

　　今天如果你談的服務費是4%，領到的會是4～10萬元之間，從獲利往前推算、撥出多少成本做促銷才是正確的策略。如果此案確定有8萬元的利潤，事先也才可以撥出2～3萬元做行銷，這樣的比例才能讓房仲成為正獲利率、有前景的行業，也才能吸引到更多有雄心壯志的年輕人願意投入。

　　當然，這一點也會受到其他因素的影響，當遇到同業削價競爭時，建議你可以與屋主討論，假設有人500萬願收2%，你或許可與屋主事先談妥510萬收4%之類的比例，實際結果對屋主的實拿金額是相同未減少的。同時讓屋主徹底了解自己未來要花的成本，例如能夠在屋主要求的短期內成功售出（如：三個月內）、以及可能必需與其他業務對拆等情形，甚至要擔保這個屋子是否漏水等等的未來風險，並沒有賺很大，而是收取合理的服務費。

　　不划算的案子，任誰也不想積極地推銷，這本來就是人之常情。在此，小何想提醒所有房仲業務朋友，許多房仲為了成交而

成交，結果工作了一年才發現自己的全年進帳居然是負數！這就
是在成本控管上出了大問題而不自知、不自覺。

需求考量——市場需求是否暢旺

　　需求考量的重點，即視物件是否為市場主流來做服務費的
定價。

　　假使說該物件目前是市場主流，有把握銷售成果是好的，這
時候若買方客人只願出1%，可以直接告訴他「後頭有人排隊等
著出價！」也可以等到客人出價較好的時候再成交。反過來看，
如果這個物件很冷門，格局奇怪特殊，或是屋主堅持高價，已經
託售很久，此時一旦有人願意出價，可得好好把握才行。換句話
說，服務費的定價是否要降價，必須以需求度作為主要考量。東
西好何需賤賣？然若是東西難賣，你又已經花了各種成本，那倒
不如折價速速出售，了結一樁困擾。

顧客考量——掌握客戶需求，總支出最低

　　唯有掌握住客戶的需求，才能夠讓總支出降至最低。

　　當掌握住買房者所有的需求時，將可使銷售成本減至最少。
一旦找到客人心底需求的物件時，而且滿足了對方要求的全部條
件，客戶肯定很開心，在價錢與服務費上頭，自然不會太過挑

剔。反之，若買方想要的東西你不但沒有，還要硬塞給他不需要的其他商品，不高興且生悶氣的買方當然會用力殺價，以致於你可能得折讓服務費才能完成交易。

只要能夠予人一種物超所值的感覺，買方自然樂意、乾脆地付出2%的服務費。

以房仲這一行的現況來說，買方的上限就是付2%服務費！一間2000萬的物件，你讓他用1500萬的價錢買到，客戶理所當然不會再去細算那1%或2%，即使多1%也不過價差15萬元。前提是，照顧到購屋者的所有需求。配對配得好，雙方都心甘情願地付出服務費。

競爭考量──競爭者如何下殺服務費？或提供服務

當同業下殺屋主服務費到1%，若你也有客戶的需求時，仍可以跟進與其競爭，就看對方是不是虛張聲勢，若只是造假、說謊而沒有客人，再來和屋主談服務費到底應該收多少，是3%？還是2%？

舉例，其他公司有客人出價960萬，約定服務費是1%，此時若我方有人出價1000萬，即使服務費是4%，實際上屋主可得的售屋費用是960萬，對屋主而言，孰好孰壞，高下立見，沒必要

非削價自貶才能達成交易。

　　當手上的案子真有客人出價，確定加入競爭的當下，須視對方的條件酌減服務費，以搶到案子為優先。重點是「絕對不要一開始就自我讓價」，何苦主動減少自己應得的利益呢？若一開始就答應只拿1%，最後說不定又被再次殺價，甚至虧本，只會讓自己在房仲行業裡無法生存下去。若能先穩住4%的服務費，就算之後遇到降價的可能性，也才有籌碼、有讓步的空間。

產品考量──是否具備競爭力？專任約？

　　一旦產品很差，買方的服務費可能得讓出去才有成交的機會。此時，收入的來源只有賣方的4%，若無法掌握住這4%，很可能會變成虧本生意。反過來說，如果賣方賣得很便宜，相較之下，容易向買方收取到合理的服務費，對賣方也才有能夠稍微折讓的空間。買賣兩邊可以相互調整，前提盡量以「讓服務費最大化」為目標。這樣子的基本觀念，建議作為新進業務入行的教戰守則，讓新人記住最該堅持的這條原則。

法律跟道德 ──符合法律、道德程序

　　也有業務私下與客戶成交，不進公司、談暗盤、要紅包，這些都違反法律規定，一旦被檢舉，很可能因此被撤牌。一個業務不應該逾越分際。唯有在遵守法律以及道德規範的前提之下，業務生涯才能長長久久。

3-2 房屋定價策略

BOX 習題一、如何建議房屋定價？

　　以下是小何在國內外為房仲新進人員上課時，最常提出來的實際題目，有興趣的房仲業務也可試著想想，當遇到以下狀況時，會怎麼做。

前提與背景：
某大社區共有三千戶，
社區的成交紀錄介於500～600萬之間，
目前出售中的個案在網路上可以看到以下的各種開價：
4樓600萬，8樓650萬，12樓630萬

狀況一：有三十戶在賣
狀況二：有四戶在賣
狀況三：屋主急著出手，但是其成本為500萬
（例如說屋主已經借了一胎、二胎的房貸，加起來約共500萬，必須賣到500萬以上才能還債等）

問題：您的屋主底價550萬，您會如何定價？
請看完本小節後，再來解答。

　　當我們最初接觸屋主時，屋主一定會問的一個問題，就是
「我的房子，你會怎麼定價？」依照小何多年來的個人經驗及歸
類，房屋定價策略應當基於以下「成本基礎、競爭基礎、需求基
礎」三大基礎來考量開價，向屋主做出最專業的建議。（圖3-3）

圖 3-3 房屋的定價策略

成本基礎

　　通常，我會先詢問屋主想怎麼賣，心中的價格是多少？有的
屋主會直白提出「我要賺100萬才賣！」再問出當初可能的買價，
此時就能確知屋主的購屋價，並用這個價格往上加成，這便是以
成本作為基礎的考量。

成本加成定價法

　　「成本加成定價法」是按照產品單位成本加上一定比例的利潤，以制定產品價格的方法，多用於固定獲利者。舉例屋主購屋成本是1000萬，希望能賺200萬，還要再加上服務費，最後再多加個一成讓買方有殺價的空間，如此，就能訂出最後的價格。

價格底線定價法

　　「價格底線定價法」是指一個公司或單位所能提供、並達到其利潤目標的、最低可接受的價格。多用於急售的屋主。例如有客人急著要脫手，購屋成本500萬，再加上服務費20萬，此時的可能定價就會是520萬或者是530萬的不二價，像這樣的不二價幾乎很難再有讓價的空間。

　　尤其，現在有了實價登錄，兩年前跟建商買的時候就是500萬了，如今再加上服務費後開價530萬，幾乎以成本價出售，以不虧本為原則。甚至曾有客戶乾脆在網路上附上先前購買的合約，供購屋者作為參考，如此大家不必多浪費時間講價。這樣的物件通常很快就賣出去了。

競爭基礎

　　有一種情況是，當遇有同業已經在銷售的案子、卻又想委託
我們時，或是同區域有類似商品正在出售中，那麼，就必須以競
爭基礎為考量來定價。以下有三種方法提供作為參考。

競爭平位定價法

　　「競爭平位定價法」就是在訂價上，刻意與競爭者維持幾近
相同的價格，或是與產業的價格領袖維持一定的價格差距。多用
於我方並非是第一家簽訂委託之時。例如說同一個社區其他人開
價多少，那就訂出差不多的價格。或是，當今天已有其他房仲先
來談過，那就必須訂定與其相同的價格，否則不可能賣得出去。

荷式拍賣定價法

　　「荷式拍賣」是一種特殊的拍賣形式，亦稱為「減價拍
賣」。它是指拍賣標的的競價由高到低依次遞減，直到第一個競
買人應價（達到或超過底價）時，即擊槌成交的一種拍賣方式。

　　這種定價法最常見的例子就是荷蘭在賣花之時的定價，方法
就是由高往低喊，故而名之。適用於具忠誠度的客戶，還有想賣
高價的客戶。

舉例，若有一物件欲售1500萬，若賣方仲介覺得價格其實可以更高更好些，就可能會從1900萬開始試試水溫，經過三個月，無人看屋就改成1700萬，再三個月仍未售出再降為1650萬。如此這般地從高價開始慢慢賣，也就是說，屋主若不急，還可再拉長時間，用時間換取較佳的成交價。

　　不過，荷式拍賣定價法的前提在於，仲介已取得了屋主的信任，亦即屋主要給予專任約，才能夠這樣子操作下去，不然，極有可能被其他的仲介從中橫刀奪愛而失去客戶。

低價滲透定價法

　　是指對服務商品收取一個相對較低的價格，以便能夠快速地擷取到大多數的市場。適用於急售的屋主。例如說同樣的格局，或是同一個社區裡，若大家都開價800萬，但你的屋主只想盡快賣出拿現金，便可開價750萬，甚至720萬之類的定價，肯定會有很多人來詢問看屋。

需求基礎

　　需求基礎的概念很簡單，就是考量市場上的需求與習慣。比如說愈是供不應求的商品，價格自然可以提得愈高；反之，若是

供過於求，自有另一番不同做法。

價值定價法

　　「價值定價法」分為有形與無形兩個面向。有形的部分，是指盡量讓產品的價格反映產品的實際價值，以合理的定價提供合適的質量和良好的服務組合；而無形的價值則包含了認知和情感兩方面。通常是對高知識分子、或大公司說明時才會採用這種方式。

　　一樣東西的價值，取決於對這樣東西的需求，取決於估價技術上的價值定價。這樣的定價方式對於土地或商辦非常重要。

　　首先，例如區段增收地，要先確認該處的公告地價多少，這一區大概是公告現值的幾倍成交，而房屋的價值由實價登錄即可得知。藉由估價系統，可以尋找附近例如10間已成交、未成交、和正在出售個案的價錢，這些都是參考的指標，從中就能推算出手上這間房子的價值。

　　這種狀況通常適用於知識水準較高的屋主，希望能提供一些較為合理、較科學化的估價建議的客戶。

認知價值定價法

　　亦稱為「感受價值定價法」、「理解價值定價法」。這種定價方法認為，某一產品的性能、質量、服務、品牌、包裝和價格等，在消費者心目中已有一定的認識和評價。這樣的認知價值比較主觀。這種方法通常用在大社區的套房或國宅，格局或坪數相差不大的物件。

　　若大家認定該區域的價值就是落在2500萬、或2300萬，那此處房價大概便是如此。今天當大家都訂在2380萬時，你也只能跟著這樣訂價，除非你的屋主急著要賣，才有可能訂出2180萬元的較低價格。通常只能走低，無法開高。

習慣定價法

　　習慣定價指的是消費者在長期中、形成對某種商品價格的一種穩定性的價值評估。

　　這種定價常取決於個案所在這個社區的習慣，當該社區一直都習慣把價格訂在699萬時，你就很難訂出799萬，這是該區長期以來仲介的習慣，與最後的成交價沒有關係。開價980萬，可能最後成交價會是800萬，或是780萬、750萬等，之間的落差會很大。

　　以車子來比喻，大家覺得買賓士應該可以殺價十幾萬元；然而像奧迪（AUDI），其定價策略雖是跟隨著賓士，然而購買時，都會知道至少要從30萬開始砍價，這就是眾所周知其實際價值落在那個定位的緣故。舉例小何根據之前住中壢的經驗，發現當地房屋的定價跟成交價相差不大，幾乎是不二價；然而，在台北，通常會有一成左右的殺價空間，這就是習慣問題。

畸零定價法

　　指在確定零售價格時，以零頭數作為結尾，使客戶心理上有一種「賺到了、買到便宜」的感受，或是按照風俗習慣的要求，將價格尾數取一吉利數字，以利擴大銷售。

　　實際作法上，又可分為單價的畸零，以及總價的畸零。首先總價的畸零，通常，2000萬以下的個案比較好推。例如屋主本來想開2100萬，但若直接開1999萬的話，自然比較好賣。而且這種定價在網路上的搜尋點閱率也會很高。當大家在網路上搜尋設定1000～1999萬的時候，這個個案就會立刻跳出來。今天如果定價訂個2038萬，不上不下的價位，很難立刻被搜尋到。

　　單價的畸零也很重要，假設一個個案的總價定為1999萬，單價算起來是70萬，如換成1960萬的話，單價可能會變成68.8萬。當你跟客戶說「一坪是68萬多的破盤價」，跟「一坪70萬才要

賣」，聽在耳裡的觀感就有極大差異了。

結論是，每坪的單價也可以畸零，並且要與總價的畸零相互搭配。千萬不要搞一個2038萬的總價，然後除一除單價又變成71萬，這種搭配肯定難賣難產。

威望定價法

所謂的威望定價，簡單來說，就是將產品訂定在高價位，以彰顯其高品質、高格調與高身分地位。因為顧客的心理之一就是用價格來衡量產品的質量。俗話說：「一分錢一分貨」、「便宜沒好貨」指的就是這種心理的流露。

這樣的定價通常用於指標性的個案或是豪宅，像遇到帝寶這種案子的時候，大家都開一坪298萬，你就不要特別開個290萬。豪宅賣的是名聲，賣的是威望，賣的是一種感覺，不需要委屈求全。別以為開個250萬就會有人來買，今天買得起298萬的人，或許屋主還要看方位、看風水、看樓層、對八字等等，就算是開價較低的250萬，對方也不一定要。當然，最後的成交價到底多少，這又是另外一回事。反正訂出來在檯面上的，一定就是298萬，或甚至上看三百俱樂部這樣的感覺。

同樣地，像地段良好的店面，也都適用威望定價法，沒必要

把行情自動降低。會來買的就是會來買，會來看的就是會來看，至於出價多少，買賣雙方心裡自有一把尺。

犧牲打定價法

　　把部份商品以近乎成本、甚至低於成本的價位供應給顧客，以吸引顧客光顧。適用於急售或量體大的案件。

　　這一招建商最喜歡用，當量多的時候，一定會出現犧牲打。例如說當希望十二樓以上能賣到70萬時，建商可能會推一個四樓只要50萬之類。用這樣子的方式有兩個好處：一是吸引客人來看屋，二是把比較不好賣的東西趕快出清。總之，就是在時機不好的時候，趕快把二、三、四樓這類較不討喜的樓層作為廣告戶，以吸引客人過來。樓下出清後，樓上貴的再來慢慢賣，進可攻退可守，利用低樓層先取回成本，之後，樓上賣的就都是額外賺的了。

　　另外還有一種狗急跳牆的情形。例如某屋主已面臨快要被法拍的地步，他根木不管鄰居賣多少錢，若850萬就賣得出去，那就開868萬，沒辦法去理會同棟大樓鄰居開價1200萬，就算管委會抗議說這樣會破壞行情，屋主要賣他最大。

BOX　如何建議房屋定價？

現在再回到前面的問題…

狀況一 因為社區有三十戶在賣，數量算是很多。若想要趕快賣出去，底價550萬，建議可以訂568萬，然後標明不二價。這個不二價可說是個噱頭，當然客人仍可能會殺價，但至少不會亂砍價。若是訂600萬，這個價格不具任何吸引力，在三十個要賣屋的人裡頭，是絕對無法脫穎而出的。

即使客人看到定價600萬，他心裡想的價格可能還是先扣除一成來到540萬。甚至可能今天這個開價600萬的屋主，其心目中的底價還比你的個案來得低，只是一旦先開了568這個數字出去，就比較容易吸引到客人。當有客人前來詢問的時候，就可以跟他講不二價，通常客人在聽到了這樣的字眼時，就算還是會議價，但討價還價時也會比較客氣些。今天要是沒有出現不二價這樣的字眼，那對方可能大刀一砍八五折，談都談不下去。畢竟現在有三十戶要賣，競爭激烈，就必須用這樣的方式來出線。

狀況二 也就是只有四戶在賣，表示這個社區夠好，如此多的戶數，卻只有這麼少的人要賣。因此想買該社區的人，多半都清楚其真正價值。其次，樓層關乎定價，若是四樓定價600萬，希望快點售出，便可訂610萬之類；若樓層不錯，甚至可訂660萬。即使比別人高價也無所謂，因為選擇較少，客人若喜歡，仍會來看屋。

狀況三 也就是急售，底價550萬建議乾脆直接寫550萬，不二價。反正房仲已經知道屋主的最低成本在哪裡，不妨直接來個犧牲打吧！甚至可以訂個更低的548萬，用最快的速度讓這個案子順利出清掉。

根據以上所述，當遇到不同的狀況時，一定會有不同的定價策略應用，大家可以仔細思考衡量，非常有趣。

推廣策略

　　不論哪一個產業的業務人員，工作重點皆在於銷售，即使客人主動前來表達購買的興趣，然而，當購買高單價物品時，甚至事先做過功課的客人，內心肯定仍充滿了各式各樣的疑問，充滿了不確定感。正因如此，也才需要房仲業務的從旁協助，更需要專門人才給予專業說明。

　　雖說房仲業務的角色有其重要性，但客人們有可能不見得知道自己的需求，所以，一名專業的房仲業務，首要工作在於徹底消除客人心理的障礙，使他完全接受你，才能夠接受你所建議的物件。也就是說，要當一個好業務，第一件事便是消除客戶心中的諸多疑慮，客人才可能向你購屋。

　　接下來，將以知名的「馬斯洛需求理論」全盤分析不同的客層，講述仲介在其中的服務溝通角色，才能夠釐定推廣計畫的步驟。最後再探討個人的行銷術、以及委託與銷售時的注意事項。

4-1 客戶的心理不確定性

　　根據銷售經驗，在客戶內心的不確定性方面，大致可歸納出以下六大風險：社會風險、心理風險、時間風險、實體風險、功能風險、以及財務風險。這些風險並沒有任何的順序性，只是一般客人或多或少會符合其中一項，或符合多項的風險組合，業務的功能就是要時時注意觀察、並消弭其中的風險狀態，才能完成交易。（見圖4-1）

　　接下來我們將一一說明。

圖4-1 客戶的心理不確定性

社會風險

社會風險主要是指外部大環境的影響。例如,當所有人都在買同一樣東西的時候,如果大家都覺得會跌價,那自然就同時收手,買氣瞬間凍結,這就是一種社會風險。像景氣不好、社會政經動盪之時,這些都會影響人們對包括購屋買車等等高價購物的需求。尤其房市稅制或股票政策的影響,也屬於這方面,政府政策上若搖擺不定,大家也會跟著觀望,市場因此膠著不動。反之,若眾人的感覺是正向積極的,都認為不久的未來會漲價,國家經濟起飛,這些都會讓購買信心大增,因而增加買賣的需求。

心理風險

相對於社會風險,心理風險主要是指個人內心感受。舉例來說,住在台北市林森北路一帶住商混合較複雜的區塊,因周遭環境與舊有印象使然,偶爾打扮漂亮地出入,就覺得不甚安全,甚至被他人誤會等社會觀感不佳的問題產生,此類無以言喻的莫名壓力有可能影響到心理。再如,今天住在台北萬華區、新北三重區,在傳統的印象裡,與大安區、信義計畫區、新板特區裡的內心感受就是不一樣。

談到安全,有些人很注重有無管理員這一項,若無管理員就覺得心裡不踏實、不安全,這些都是心理因素。其他諸如有沒有監視器、戶數的多寡等,也有一定的影響。若看到隔壁鄰居的鞋

子亂七八糟地堆在外面，出入份子繁多吵雜，或門口貼了符咒，都可能對心理產生一定的壓力。然而即使同樣住在林森北路，若住的是新建豪宅，鄰居出入皆進口車，管理嚴謹，社區整潔乾淨，就可以消弭這方面的壓力因素。

時間風險

有人在買賣物件時，有時間上的壓力，若屋主需錢孔急，便會主動降價求售；有些人不急著用錢，自然就慢慢處理，這便是時間風險上的差異。

許多人買房子之所以有時間壓力，可能是原本住的房子已經賣掉，或舊房子即將都更改建，必須找到地方安居；也可能希望結婚前順利買到、或租到房子。有些人則有還款上的資金壓力，或是年紀大的長輩們希望買棟房子留給子孫，不希望子女們直接分現金等等的諸多不同考量。甚至是稅制修改前、後所產生的法條規定等差異，一定會產生時間壓力，對購屋的消費族群都有影響。

實體風險

所謂的實體風險，是指商品本身的品質問題，包括物件上的瑕疵是否影響居住安全等等。以房屋來說，包括海砂屋、有沒有鋼筋裸露等情形，都屬於實體風險。評估方面可以看房屋的結

構、建商過往的紀錄，以及現場所見的現存狀態，建商是否知名也是考量的因素。只不過，大的建商也不一定是好建商，仍要視其口碑與其過往紀錄而定。

功能風險

功能風險，指的是選購前就該考量所買的商品能使用多少年？符合短中長期的需求嗎？在房地產而言，關於房屋格局上面的考量，多半屬於功能性的風險。

例如當手上的預算可以買出廠三年的小車，或五年的大車時，消費者就要再次一一考量最初買車的目的與功能。再如，同樣的一筆預算，足可選購兩房的新成屋，或略舊的稍大三房舊屋，那麼，還得考量日後有沒有生兒育女的打算、或是必須給已成年的子女一人一個房間，當然兩房一廳就不列入考慮選項裡。

也曾碰過新時代小資族夫妻檔，想法與過去傳統世代大不相同，婚後並不打算有小孩，那麼一房一廳，足矣；甚或像1+1也合用，多一個功能性的小和室便足夠了。此外，當家中有老人家的時候，須要爬樓梯的房子就不適合，若時常進出醫院，甚至得考慮家中是否設置了無障礙空間、衛浴空間是否夠大等等，都是購屋須注意的重點。

BOX 功能風險的特殊案例

曾有過一個新奇案例，與大家分享。

曾經，某個社區的保全公司，該公司也在這個社區裡置產，只是後來因故遭到撤換。沒料到，這家保全公司在處理掉了社區裡的房產後，便開始檢舉社區主委、以及那些主導更換保全公司的住戶家裡有夾層屋違建的問題，利用政府公權力來脅迫該社區的許多住戶們。像這種關於夾層屋使用上，可能因違法而遭旁人檢舉，也屬於功能風險的一種。

財務風險

財務風險就是指購買商品的款項夠不夠、能否按時付款，包括頭期款的準備、與之後每個月的分期貸款，都屬於這一類。

TIPS 客戶心理的不確定性包括以下六大風險：社會風險、心理風險、時間風險、實體風險、功能風險、財務風險。

　　以下就實例個案來說明，行銷時如何消除客戶心理的各項風險，以達到成交的目的。

消除客戶的心理不確定性的實例

個案背景：

新北市三重菜寮站附近，距離捷運站出口100公尺。

房屋個案為一邊3米，一邊4米2，挑高處作為夾層屋使用。

坪數16.25坪，屋齡兩年，一層共有四戶，總價800多萬。原本的套房格局，原屋主已裝潢為二房二廳一衛的格局。

客戶背景：

一對夫妻一起看屋，太太目前已懷孕，能夠負擔大約1000萬（其中700萬為房貸，即每月需繳房貸3萬5左右），喜歡新一點的房子，二人皆在台北市上班，希望捷運可到為最佳選擇。

故事：

這對夫妻因小孩即將出生，希望寶寶出生前擁有自己的房子（具時間風險），告知小何想在北市購屋，但這樣的預算在北市想買到兩房不大可能，因此建議到三重置產。剛開始他們因過往印象的關係，對三重的觀感並不好。小何詳加說明，每一間學校都有好學生壞學生，台大也不例外，當然三重也有不同的好壞區位，三重菜寮站附近有區公所、運動公園、醫院等，是三重最頂尖的區域。個案位在公園旁邊，環境尚佳（降低社會風險）。

原本的一千萬元預算若想買北市兩房，能夠選擇的區位則可能落在萬華等老舊城區，同樣會遇到關於觀感、心理層面等問題。

之所以建議此個案給這對夫妻，優點如下：成屋僅二年的新屋，區位在三重相當不錯。原本一層樓結構上是8戶，因電梯與樓梯間分開，等於隔開了成為一層4戶，相當單純，出入有24小時管理員，具有一定的安全性（心理風險降低）。捷運可到，忠孝橋下來就是台北市，即使使用其他交通工具通勤也算近。

因此，同樣1000萬元以內的預算，與其住在萬華，或中山區等出入較為複雜的地方，或許，住在三重最頂尖的區域反而更合宜。加上前屋主已略加裝潢，使用的材質極佳，很適合這對想要立刻進駐的小夫妻。

最後，房子售出的總價為800多萬，付完自備款200多萬之後，貸款方面每個月約只需3萬，肩上壓力略為輕鬆些，而且，也不需要多花錢在裝潢上，可說是兩頭省（財務風險降低）。此外，這一棟的實價登錄，有一坪68萬、65萬、62萬等不同價位，小何讓小夫妻買到的價位約是55萬，不但價位漂亮，並且還附裝潢，使用上非常便利，絕對是最佳選擇。

有些仲介會告知客戶，貸款購屋之後，再利用信用貸款來裝潢，事實上，如此將加重客戶的負擔，不一定是好事。

尤其，小孩出生後，日後一定需要兩房，此物件為夾層正兩房，並非1+1，上下房間均有對外窗採光通風，有衣櫃有桌子。新北市目前對於夾層屋較為開放，加上已施工完畢，也不是打頭陣的

第一間，在在降低了相對的風險（功能風險降低）。

　　二年新的房子、建商保固（實體風險降低），1樓入口處還有會客室、交誼廳等公共設施，地下室有垃圾收集處，專人處理，可說物超所值。經過一番解釋之後，加上實地看屋後，客戶立刻決定購買。

　　其實，不管銷售任何物品都一樣，最好一開始說明之時，便猜測出客戶可能會有哪些遲疑和問題，並將之一一解釋破除，只要注意到這些可能的問題，適時消除客戶的疑慮，便能成功達成銷售。

4-2 馬斯洛需求理論

　　馬斯洛的需求理論是一個相當有名的理論基礎論證。馬斯洛把人類的需求以金字塔由下而上加以區分為 : 生理的需求、安全的需求、社會的需求、尊重的需求，以及自我實現的需求。唯有在滿足下層的需求之後，才可能再往上追求更高一層的需求，因此，下層的人數自然較多，而愈往上愈少。

以下，將從房仲業的角度剖析馬斯洛需求理論下的各種客戶面向，並在每一個分類之下提出一個小故事，讓讀者更加明白該理論。要做出這樣的統整與分析，須經手過夠多的個案數量、客戶層面夠廣，才能歸納出符合馬洛斯需求理論的數據；若以單一建商來說，僅僅專注某社區豪宅或某地區的個案，尚不足以能夠歸納出如此多層次的客層需求。（見圖4-2）

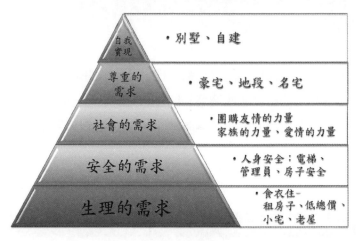

圖4-2 馬斯洛需求理論金字塔

生理的需求

若客戶最低的滿足在於求取生活上的溫飽，他們的要求只要

有房子住即可，低總價、小坪數、或老宅，皆可接受。這類型的客戶手上可能僅有500、600萬的預算，就算好心告訴他隔壁社區有間1500萬的房子跳樓大拍賣，只賣1000萬，他也不見得有能力可以購買。所以根本就沒有必要打電話詢問他，只須提供符合他需求的方案就夠了。

對於原本是租屋族的人來說，一開始當然先求有，再求好。同樣地，對一個預算較少又想買車的人來說，第一台車不應該介紹他買賓士，而是介紹更適合其身份與收入的Toyota才是較合適的建議。如此的推薦主因是，Toyota耐用、實用性較高、中古車的價錢比較好，即使開了五年也才折價一半，耐用、實用、又保值，購入時的價格又比較便宜，自然非它莫屬。

至於，該找什麼樣的房子給開Toyota的客戶呢？首先，要了解其購屋的總價。如果客戶開口說800萬要買兩房，這便屬於低總價；若要求兩房、1500萬以內，必需在台北市；或是3000萬、三房加車位的新屋，這樣的要求都屬於低總價個案。

多數人一開始的購屋想法是要找個安身立命之處，因此，5、600萬元的中古屋套房便能滿足其需求，建議不妨找單價低一些、具保值性的小套房，以後的賣價會比較好。由於此類客戶手上的現金並不多，所以房仲必須替客戶幫他的荷包看得更緊，絕

對不能讓他虧錢。若是碰到個案例如一間500萬元小套房急售450萬，會建議趕緊買，甚至還該花些裝潢費用將它改成兩房，日後就能以兩房的格局出售。

我要強調的重點是「就算房子小，也能創造出符合其需求的空間格局。」而不是說服客戶去購買天價、房貸壓力重的產品。尤其對於初次購屋、尚無買房觀念的新鮮人，更要花時間教育，給這些新客人一些觀念上的衝擊。極端一點下猛藥的話，可以帶他去看同一棟的不同房子，未裝潢過的原屋、與裝潢華麗且功能完善的同樣坪數小套房，但投資客硬是多賣200萬元，讓消費者自行比較，再告訴他其實只要花100萬元，就可以創造出與200萬元裝潢的投資客物件相同的價值。

再如一間22坪的兩房小屋，其方位與格局皆佳，建議可以隔成三房、或是兩廳兩衛，此類格局在台北市或許能以1000萬購得不錯的中古屋，加上裝潢費用，至多1100萬能夠讓客戶開心入住。這便是低總價、小宅、老屋客層的主要需求。總之，掌握其心理，站在客戶的角度以同理心思考，不只幫他們找到合適的房子，還能考量長遠的、幫客戶未來獲利的角度，才是成功的房仲。

安全的需求

期待自己有能力讓家人生活更安全、更舒適，是有屋者想換屋的第一個念頭。

假設客戶原本住在四層樓老舊公寓，因膝蓋不好、不想再爬樓梯，或家中長輩健康問題想換成電梯大廈，或是中年換屋、第一要求是要有管理員，對於這樣的客戶，就算告知他隔壁有棟屋齡四十年的便宜大樓、或價格超值的老公寓，客戶都不會心動。因為他已經鐵了心，希望下一棟房子是安全的，需求很明確，便是「要電梯、要管理員，屋齡二十年內」。而且因為雙薪，夫妻二人都上班，需有人協助收垃圾廚餘、收信收包裹等雜事處理。房屋方面則要求結構安全、耐得住地震，無法容忍有漏水、或樑柱毀壞無法修理等問題。

也沒有必要向此類客戶推薦隔壁6000萬豪宅現在要賣5000萬，像這種超過需求太多的物件，是沒有意義的。因為，有安全需求的客人肯定是自己與家人要住的，並非投資客，所以，若只是總價相對便宜，仍是無法滿足其特定需求的。

社會的需求

再往上，便是社會性需求表象的人，其經濟能力較佳。此類客戶有個有趣的共同特色，就是小何口中常提到的「愛情友情親

情的力量真偉大」，他們喜歡／習慣一起來團購。團購通常是已有一定水準的家庭才辦得到，例如雙北市區，約四十歲左右，單身有能力的女性，尤其是公務員、或工程師等等，幾個姊妹淘想要住在一起，就會出現同時買下兩、三間的情況。

也有學者教授、或外商銀行的員工這樣的高階主管，他們喜歡新興的社區，像是大直、信義計畫區、中山北路、民生東路等比較新，但坪數不大，大約二十五到三十坪左右的房子。這些人買得起總價2500萬左右的屋子，但要求的不是房間數要多，而是要夠氣派、服務較好的社區，此類客戶最常一個拉一個，屬於最佳的「綁粽子式」好客戶。

中上階層的家族也可能有這樣的需求，例如小孩子都長大成人了，結果爸爸、叔伯等一輩的兄弟姊妹又想回頭住在一起，如此的例子也不少。這一階段的人，擁有購買5000萬到1億元豪宅的能力，最厲害的是能夠短時間在同一社區買下5、6000萬的房子數戶，真可謂家族親情的力量夠偉大。

這類客戶要求屋齡新、管理好，畢竟收入夠，重點是「看屋滿意的話，一次要買三、五間」，這時候只能找建商了。若是和建商老闆的交情夠好，那他的三間、五間保留戶可以一次全都讓你賣，足以滿足上述客戶的特殊需求，尤其一次就能為建商去化

掉餘屋，這樣的仲介當然是建商的最愛。

此外，新一點的成屋也可能出現這樣的個案，因為成屋通常有很多投資客，等了兩年想出清，幾乎在同樣的時期釋出，一棟樓可能同時有五、六間要出售。或是重劃區因為建商多，新成屋也多，若遇見上述客戶便能瞬間同時去化掉好幾間。

再談到愛情力量真偉大這方面。有時候是夫妻年紀差距較大的年輕貌美老婆，或買來送給外頭的紅粉知己，當大老闆與小老婆出現時，立刻要腦袋清楚地知道究竟誰是主控者。個人認為，業界的學弟學長們常常犯了一個錯誤，只招呼董事長，其實旁邊抱著一隻貴賓狗、手提LV包包的年輕女子才是選屋的關鍵人物。

除了記得要跟董娘打招呼之外，過濾房屋要主動留意關於隱密性、安全性的需求，包括管理嚴格，巷子是單行道，不容易被跟拍，車道直接下到地下室等等。最好還有游泳池、健身房、三溫暖等頂級設施，不出門就是貴婦。林森北路的區段距離晶華酒店、國賓飯店不遠，中餐下午茶都方便。董娘喜歡的話，最後只需再提醒董事長，此屋值得投資，未來不論要住要賣都很划算，非它莫屬！

當一位新客人到你面前時，立刻要能判斷出重點，懂得察言觀色，才能夠找到正確的物件提供給客戶。

尊重的需求

再往上談到尊重的需求。到了一定的地位後，他可能想住仁愛帝寶、想住信義之星，此時不管你跟他推薦哪種產品都沒有用。他的眼光格局不會改變／降低。而且此類客戶的時間非常寶貴，不喜歡仲介說廢話浪費他的時間與精神，常常與這類客人的通話時間只有30秒，直接告知地段、價錢、坪數與格局，然後問他有沒有興趣去看房子。甚至他們更喜歡以簡訊溝通，告知必要的資訊讓他做決定就好，因為他們可能人在國外或永遠會議中，若有興趣就會回覆可或不可，簡單明瞭。

一旦遇到此類客戶，只有兩種選擇，一是直接提供他所需要的案子，二則是主動創造其需求。前者可以找同業調案子、或詢問過去的頂級客戶，甚至聯絡建商詢問有無保留戶，方能提供足夠的看屋選擇。

主動創造需求方面，不妨詢問他是否有閒錢要投資、能否成為其房屋資產的管理員。若他本來就是投資者或有房屋置產的觀念，或許就能成為未來的金主。重點是要敢開口詢問，除了自住

以外，是否有額外的投資需求。多問自然就多一些機會。也可順便問問，「您手上這麼多房子有需要出售的嗎？」也是一種獲得新案子的來源。

自我實現的需求

　　至於，最上層追求自我實現的客人，其心態又不同了。可能是自建別墅的等級。小何我曾有一位客人在台北大直蓋了八層樓的樓房自住，此類客人的對應方式又不一樣了，因為他可能不需靠房地產買賣賺錢營生，可說是另一個境界的人。跟他談金錢、談房子便不便宜都是無意義的。

　　對於金字塔最上方已達到尊重需求、自我實現需求的人來說，他們各有在意的點，或者該說是獨特的個性與特殊的堅持，對人事物有其敏感之處，應該小心地順著毛摸，不要誤觸逆鱗。

BOX 追求自我實現需求的案例

　　一個客戶擁有一棟市價約7000多萬的透天，原本開價9000萬，已經賣了一年多尚未成交。另一方面，建商想要跟他一起合蓋進行都更，但談了很多年都談不攏，於是委託小何代為磋商。

　　經過一段時間的溝通，最後，小何與該客戶談妥一個優先承購權的合約。亦即半年之內，建商若能整合其他地主、完成合建，便以9500萬向他買斷；若半年內未能整合，建商需賠償違約金100萬。

　　小何向這位屋主以漸進式道理分析現況：第一，現今景氣並不好，短時間內並不好賣；第二，在未來半年內，放著也照放，這個提案算是一個新機會；第三，要是沒有成功的話，半年之後，還有100萬元的零用錢可以花用。

　　按照一般人的邏輯推理，若整合成功的話，7000萬變成9500萬，就算失敗也還有100萬的零用錢，照常理說應該會立刻簽約才是。然而，此等人並不是一般人，他對於100萬被稱為零用錢的這件事情很不高興、耿耿於懷，幾分鐘後立刻打電話直接回絕。小何急忙連聲道歉，說零用錢是他自己的不當用語，建商稱之為「違約補償金」，在電話這頭哈腰鞠躬了許多次，真心誠意地說了數十次對不起，好不容易才又挽回此一個案的簽約。這個特別的經驗讓他體會到，在服務這種程度的客人時，在細緻度上頭，更要小心掌握，才不會誤觸地雷。

在與各式各樣的客人接觸之際，最初的三、五分鐘一定要能迅速判斷出眼前的客人等級到什麼程度，才能找到最速配的個案。若是找錯了，自是難以成交。也可能因為提供了不適合的個案，以致於被客戶認定此仲介不OK！唯有眼光銳利、判斷對了，才能更深入地談下去。

4-3 仲介在服務溝通的角色

不論房屋仲介或其他銷售的業務人員，在服務過程中必須不斷地與客戶溝通。以下討論的是，在與客戶溝通的過程中所扮演的角色，以及要注意的細節與對話的黏著度。

傳達我們的服務定位與差異化

每一個行業都有業務人員，如何突顯自己的與眾不同？首先要傳達給客人的是服務的定位、與差異化服務，讓客人明確知道你與其他業務的差別。像小何的定位就是為客戶著想，總是把「尋巢有愛‧仲介實在‧堅持服務‧擁抱客戶」這十六個字作為個人服務的準則。

其次，強調自己的專業背景跟多元服務。例如小何可以提供從上到下、一條龍式的完整服務，客戶毋需再辛苦地自己去尋找

每一個環節的服務人員。小何的設計背景也能提供室內裝潢的相關報價，財務上的專業亦可提供銀行貸款方面的剖析，諸如小套房能貸到幾成、各家價位。這就是他的專業與特殊處。

強調仲介服務的專業性與貢獻度

首先，不妨強調過往的業績實力。像小何個人便能強調自己是住商不動產連續四年台北市第一名，諸如業績蒸蒸日上、或曾經獲獎無數的證明，都是一種實力的佐證。

第二，強調能協助買方找到便宜的標的，或是幫忙賣方賣出好價錢。這些都建立在自己手上商品的廣度夠、同業的人脈強之前提。以小何為例，從不拒絕配案，不拘泥於非得銷售公司地處中山區的個案，總是隨機應變，不厭其煩地帶領客戶到別的行政區，實地參考其他同行手中包括大安、中和、永和區等可能更適合客戶的個案。甚至，有些同業一拿到好的案子，就直接前來詢問小何是否有適當的客戶可以配合。因此，一位人脈廣的房仲業務，偶爾直接透由他去找其他人調案，並非壞事。

有些業務在遇到便宜個案時，常想留著多賺一些，就像中古車市場若遇到便宜好車時，有的業務會自己先吃下，再轉賣即可小賺，這一點在房仲業也是如此。然而，小何卻會盡力提供便宜的案子給自住客，讓首購族買到好屋，絕不會在第一時間把物美

價廉的好案報給投資客，讓這些人再賺一手，這就是小何想法上與其他房仲相異之處。

強調附加價值

除了買賣，其他所提供的額外產品或服務，皆可歸類為附加價值。像交屋時提供的簡單清潔服務、提供油漆服務等、提供室內設計的建議、看屋時協助確認前一手的施工品質狀態等等。有時候只需打開變電箱，看一下收尾，就能從小地方看出作工的細緻度，這些都是因為裝潢的專業知識而提供的附加價值。

當然，財務上若能研讀更加透澈、專業，提供合法節稅方式，或境外熱錢回台投資等等，都能找到小何這樣能夠提供財務相關建議的仲介或理專給予專業協助。

強化顧客的參與

務必打開耳朵，多多聆聽顧客的聲音。許多業務人員不明白要盡量運用機會與顧客溝通，只懂得指引客人看新品、問客人喜不喜歡，並不想探究其之所以對新品有興趣的原因與理由，加上對產品不求甚解、講不清楚產品的優缺點，甚至不知道客人到底要什麼，如此怎能好好地銷售手上的產品呢？

有些公司因為擔心業務人員多說多錯，乾脆叫旗下業務不要

多講話，僅單方面接受客戶提問，其實這些防弊措失極可能自行斬斷了許多好機會。

有人則害怕話說出口後責任就在自己，其實，學習把事情「說清楚、講明白」是一件好事，說話、聊天是業務人員必須學會的基本技能。

舉例，房仲帶看時，不妨從房屋的格局開始聊天，互動時藉機了解客戶的家中成員、生活習慣等，這些資訊都有助於在配對上為客人找到更契合的物件。解說的同時順便展現專業知識，從原有的裝潢告知客戶改善之道，再由客戶自行判斷能否接受，通常客戶會更加信賴你。

有些仲介帶看時極為安靜，交由客戶自己摸索、自行觀看，除非客戶表示喜歡，才展開猛烈攻擊，不當做法經常導致後續發生更多糾紛。

TIPS 不懂得與客人好好聊天、交朋友，如何了解客人的程度與品味，進而找出適合他的產品呢？說話、聊天是業務人員必須學會的求生基本技能。

另外，在溝通中適時地讓客戶知道業務人員的辛苦，在案子樓下站OP、發傳單，或帶看了多少回，建議在適當情況下告訴客戶，凡事都是「一分耕耘，一分收獲」，最後才會出現美好果實，客戶全盤了解後自然心甘情願地付出服務費。

事實上，每一次成功銷售的背後，都是不斷努力的累積。同一間房屋，一個業務帶看多少回？一家幾個業務曾帶看？總共幾家仲介公司在賣？多少人次的努力下才促成最後的交易。簡單算一下，至少百人次看過同一間房子，只不過買賣房屋是個零和遊戲，售屋成功者就全拿。請客戶深入地想一想，若把服務費除給這麼多努力的人次，算一算是合理的收入。

調節並平衡供需

每日工作時間的妥當安排，對業務相當重要。不能因為生意做得大，就排不出時間給新客戶。

投其所好也是一種做事方法，部份客戶不喜歡聽耗時的無趣廢話，簡單扼要的報告、或出現有希望成交的客人再聯絡；相反地，也有另一種客人希望完整追蹤，無論發生什麼大、小事都要回報，否則就認為你在摸魚，像這種人就得經常聯絡。因此，首次溝通時，就要判斷眼前的客戶屬於哪一類，是不回報、少回報或時時回報的客人。

忙碌到無法分身時，若遇到需要安撫的客人、或要求碰面時間與其他帶看個案衝突，務必請助理或同事協助，與其流失掉客戶，還不如把業績分給幫助自己的同仁們。只不過，同事協助的話，建議事先告知客戶會由他人代為服務，某些客戶對於為何突然換人會覺得莫名其妙甚至生氣。還有，協助者最好與自己同樣勤快、調性相合，若客戶交代處理的事情總是辦不好，反倒砸了自己的招牌。

4-4 推廣計畫的步驟

推廣計畫應按部就班地落實。以下就依「界定目標對象→設定推廣目標→編列推廣預算→擬訂推廣組合」等四個步驟的順序加以說明。

界定目標對象

銷售較大案件時，有一些因素必須事先了解，包括該區域的人口估計、地理變數、心理變數、以及需求統計等。上述資料，除了自行從網路抓取政府各部門的公開資訊外，或向行銷專家、相關行業中的整合分析研究公司購買，這些訊息對於目標對象的界定都有實質上的幫助，當接收到新屋主的委託案時，基本上應當立刻掌握該區基本狀況，不致於一問三不知。

設定推廣目標

　　有了目標對象，第二步便是設定推廣目標。這部分包括告知的任務、說服的任務、提醒的任務，以及試探的任務等四個項目。

　　以房仲業為例，首先告知屋主賣屋的順序、需要哪些步驟與耗時多久。之後，說服屋主在銷售做法上應與仲介同心，對外統一口徑，不要各說各話。然後，提醒屋主接下來可能會遇到哪些人事物，最常發生其他仲介採用各種話術與圈套來搶案子。遇到這類宣稱「我手上有很多客人要買這樣的房子！」的房仲，歡迎他直接來配案。

　　試探的任務是最困難的部分。主要是必須知道屋主最後的底價忍受範圍在哪裡，不能今天說1900萬，明天又改口1700、1800萬也行，事實上，小何這類的專業仲介都會建議屋主「一定要守住自己的底線」。不過，經常事與願違。

編列推廣預算

　　銷售前欲下廣告，應從利潤往回推算出可花用的行銷預算。不妨針對最搶手的物件，或是利用競爭平位法、銷售百分比法、以及目標任務法來制定預算的多寡。

編列預算有各種不同的方法，銷售百分比法非常重要，許多業務之所以覺得沒有利潤，正因為他在百分比上頭沒抓好。假設今天接了一間500萬的套房，以服務費4%來算是20萬，拆帳後分得7、8萬元。若事先塞廣告就豪邁地花了5、6萬，自己最後只拿回1、2萬元現金，投資報酬率實在不高。

　　建議對商品的促銷推廣要視未來能回收多少，再決定下多少銷售成本。舉例若建商釋出五間房屋，預估會有800萬服務費入袋，拆帳後將可賺到300萬，即可抓15%、大約40～50萬的廣告預算做行銷。

　　所謂的競爭平位法，端看其他同業所採用的宣傳方式來決定。若今天你的競爭同業每個月花10萬元在廣告上，你卻只花1～2萬元，完全無法與之競爭。也就是說，與最密切的競爭者在廣告費上面的花費必須差不多，只是錢要花在刀口上，就看如何做最有效率的應用、分配了。

　　最後的目標任務法，判斷目標客群的眼光精準度是否夠準確。例如某一棟豪宅的目標客人，可能會在哪一間頂級百貨公司出現，就派人在頂級百貨前面的紅綠燈、與停車場前塞傳單；若目標客群是上下班的捷運族，不妨考慮在附近的捷運站站崗、發傳單。

　　當大型的商辦出現時，建議主動通知專門做商辦的同業；若接到了工業區的廠辦，第一件事就是打電話給整棟樓的其他公司行號先詢問，再打給同一個廠區的其他廠商，聊聊、是否有人要拓點，如此行事，則目標精確、做法有效率。小何我曾經在建商釋出最後保留戶之時、趁著以前購買的客人來辦交屋的那一天，到建案現場一一探詢，居然同時接到要買、想賣的不同案子。重點是，明確知道目標客群與配對房屋，才能收事半功倍之效。

擬訂推廣組合

　　最後，擬訂推廣策略的組合。例如刊登廣告時，欲使用平面報紙、刊登在網站上、塞信箱的哪些方式。對外的公共關係則指口碑行銷、親友轉介，或591租屋網、FB，以及Line這些網路社交軟體。若有時間上的壓力，希望盡速出清手上物件，不妨針對同事或同業給予出國旅遊、紅包等實質獎勵，讓大家願意一起努力。

TIPS 推廣組合包括有廣告、人員銷售、公共關係，以及促銷活動等，可以分別使用一到多種方式來排列組合。

4-5 委託與銷售注意事項

身為業務,主要工作是替買方與賣方搭起一座橋梁。買與賣的兩個不同面向,有的業務會專注於其中一方,有些則是兩面兼顧,如何衡量以哪一方為重,應視每個案子與當下情況而定,不可心有定見或偏見。

委託注意事項

接受委託,也就是接受屋主之託代為售賣物件。在跟客人(亦即屋主)溝通時的注意事項,一一說明如下。

1. 服務費的堅持

開宗明義,請先向客戶提出服務費標準,並說明服務費的重要性。

根據法律規定,售屋時的服務費最多可以收到4%,買方服務費則是2%。然而,常常在與屋主長時間的接洽過程中,若一開始未能提出對服務費的堅持,之後經常碰到無法收到預期服務費的狀況,甚至曾有人只收到小紅包一個。

　　服務費，其實是房仲薪水的主要來源。必須向客戶傳達正確的觀念，亦即房仲服務的價值，換言之，屋主所付出的這些服務費，是因為你為他做了多少項目的事情，「使用者付費」本來就是合理之事。如果一開口就自動減少服務費，人性使然，客戶也不可能在簽完委託書後，主動再給更多的服務費。

　　向屋主講解的重點是：一、物件售出後、跟屋主收取的服務費，一般要分給銷售與開發兩方面，至少兩個人拆帳，甚至可能是四個人來拆帳。因此，4%的服務費，通常至少有二到四個人均分，並非一個人獨得。

　　第二點，銷售所得的4%服務費裡頭，包含了相關的廣宣成本，例如下廣告的費用，包括上FB首頁、上591，或發汽車廣告等等，單是人力費用就所費不貲。舉例，最後拿到的服務費是100萬，裡面至少有20萬花在廣告費用，此外，還要與公司拆帳之後，業務才能互相再拆帳。

　　第三，房仲的行業裡有不少看不見的沉沒成本（或稱為隱形成本）。或許有四家廣告，僅有一家能成交，最後不一定賺得到屋主這筆服務費款項。

　　或許，客戶一時間會覺得4%很多，然而，如果一共交給三家

房仲公司出售，每家公司如果有50名業務的話，便有150人在幫忙賣這間房子，所以，今天所付的服務費經過均攤後，每個人的人均成本其實很低。只是買賣房子一事是「零和遊戲」，最後只有一組人馬能成交收尾，拿到該筆服務費，其他人便都是成本沉沒了。

一般人不清楚的事實是，委託給房仲賣屋，行情就是4%，但是，像建商委託給代銷公司時，其成本則是4%到6%，因此，實際上的銷售服務費也大同小異，雙方差不多，並非找代銷就沒有了這筆銷售佣金的存在，只是包裝在成交價內，買方沒有感覺而已。

最後，小何所堅持的理由是「如果小何我跟您收取4%的服務費，當然，我賣出的價格肯定比同業要好，相信賣方最後也會選擇能夠實拿最多的房仲成交」。

舉例說明。今天有位仲介賣出900萬，然後向你收取1%的服務費，較之小何賣出960萬，收取4%服務費，二者相較之下，請您現在立刻計算一下，就會明白為何要交給小何賣屋的原因。站在屋主的角度，當然以「實拿」最多者為優先，這才是創造雙贏的局面。

若是一開始的服務費就確定較少，同事不見得願意幫忙轉介

與銷售，售屋的時間就會拉長。因此，簽銷售約之前，服務費務必要堅持，唯有漂亮的服務費，才有足夠利潤分享給同事或同業，他們也才願意優先協助出清該個案。重點在於傳達給屋主「房仲所能夠創造的價值，並非只能削價競爭。」

畢竟，合理的利潤才能讓事業長長久久。只知道讓價的業務，立刻就輸了，也沒有辦法創造足夠的價值，自然不可能有所成長。

TIPS 關於服務費

1. 服務費並非一人獨得
2. 服務費包含銷售成本
3. 房屋買賣有不少的沉沒成本，不見得每個案子一定成交
4. 幫忙銷售的人力眾多，人均成本實際上很低
5. 代銷公司的銷售佣金是4%到6%，並不低於仲介
6. 以實拿最多者為優先，創造雙贏
7. 合理的服務費，將有更多人願意協助銷售

2. 專業的提供：教育屋主

　　父母總是覺得自己的子女最帥、最漂亮，正如同每一個屋主都認為自己的房子最好。委託賣屋的屋主本身就有既定想法，關於屋主認定自己房屋最好一事，建議提供專業意見來教育屋主，先讓他修正腦袋中不對的觀念。這些專業包括買賣市場的專業，關於個案與同一棟大樓其他房屋的比較。例如目前市場近況好或壞？如實告知屋主。關於他房子個案的優缺點敘述，哪些優點能幫助銷售？哪些地方可能需要改善？或哪些會成為缺點、被買方挑剔等等，都要讓屋主明瞭。

　　像屋主認為他的房子一坪價值應達70萬，現實狀況未必如想像中樂觀。若仲介手上有其他在地點或屋齡上條件差不多的個案，甚至屋況更好，開價卻是一坪65萬尚未賣掉的物件，便可拿來比較，讓屋主確實了解市場最新狀況，讓他心裡有譜，是否自己開價偏高、是否需要調整。

　　售屋也要注意大環境、房市未來發展的走向，若是該區域房價有支撐，也可直接告訴屋主，在時間不趕的前提之下，如果買方開價未達到理想的價錢，寧可不要現在急著賣。一旦賣掉後，極有可能買不回來，那就不應該降價，建議慢慢等待合適的價位。反之，市場不好、物件狀況不佳，當買方出到相對合理的價錢時，或許就該考慮脫手。告知屋主以上的判斷，也是仲介所應

有的專業。

3. 勿估價太高

許多房仲業務為了搶案子，紛紛信口開河。業務A說「保證幫你賣到1000萬」，業務B喊「肯定幫你賣到1050萬」，業務C則拍胸脯「一定可以賣到1100萬⋯⋯」該相信誰呢?事實上，若事前估價太高，超過市場行情，最後的結果極可能是賣不掉。

身為業務，不應該為了搶案子而接案，而是為了幫助客戶去化而接案。況且，估價過高只會傷害到自己的可信賴度，屋主今天興高采烈地簽給你，沒料到，過了六個月仍然賣不掉，到頭來，案子落到了其他誠懇說實話的房仲手上。小何不諱言地說，許多屋主最後仍回過頭找他，這些案子終究也在他的手中成交，成功地銷售出去，重點在於誠實。

4. 加長委託期限

目前，許多售屋通路規定極其嚴格，時間一到就必須下架，委託時間若太短，只有一、二個月，會出現才上架不久就得卜架的狀況。一般來說，至少要簽三個月，甚至在房市狀況不佳的時期，建議簽六個月的合約較好。避免期限到了若仍在架上，可能遭同業檢舉。

常發生的事情是，委託一旦到期，該棟管理員會以無授權為由，不給繼續帶看，房仲此時必須再去找屋主延長委託期限，來來往往，也造成雙方後續不少麻煩。

5. 不給不當的承諾

簽委託書時，任意給予不當承諾，常常無意間造成日後對自己的傷害。像是關於價錢的承諾，胡亂保證可以賣到多少錢，最後卻無法成交。建議好聽話不要說太滿、太溜，保守行事為佳。

再來就是服務費，起初說1%就能接，然而簽約時又反悔，要調高比例。若再有必須向屋主殺價錢的狀況，屋主肯定不高興。

銷售時間方面，也不建議給予保證。賣屋這事兒很難說個準，有時候狀況很好、立刻就去化掉，有時則不然。唯一特例是，賣價比市價便宜很多，投資客願意立刻接手，否則對屋主宣稱三個月、甚至一個月一定能賣出之類的話，全是誇大不實。

保固方面，原則上由屋主負責給予保固，而非由仲介掛保證。如果服務費不高，屋況卻出了問題，仲介根本沒有空間能調整或給予協助。像交屋前並未發現漏水問題、原本玻璃沒破後來卻有損毀、或一個月後才發現馬桶容易堵塞等等諸多問題，實在很難判定到底是哪一方的過失，這時候若服務費很少，仲介也無

法給予幫忙或實質負擔，造成三方都不愉快。

實務上，當碰到漏水、有壁癌的屋況問題時，仲介必須在斡旋之際便逐一提出，提醒屋主修繕。如果屋主未修繕，則可採用「不修繕交屋」的附註方式處理。

(BOX) **名詞解釋——不修繕交屋**

所謂的不修繕交屋，就是把發現的問題加以標出，附註在現況說明書之中，看買方能否接受。亦即在買方可接受的價格下，責任交由買方全權承擔。

(BOX) **他山之石：小何的做法**

遇到漏水，壁癌等問題，小何會提出該修繕成本可能需要5萬，或8萬才能解決，試探買方能否接受賣方不修繕交屋。若買方規劃買屋後要重新裝潢，該困擾自然而然便消失了。

此外，有些房屋早在第一手成屋時，建商便已完成陽台外推的此類工程，其實陽台外推屬於違建，因此，負責任的仲介應調出竣工圖做再次確認，然後一一加以附註，附上陽台改為衛浴等等說明，以免屆時買賣雙方認定上有所差異，因而無法成交。重點是在委託之時，將所有的缺失一一揭露，說清楚講明白，對買賣雙方都是一種保障。

TIPS 簽委託書時，在價錢、服務費、銷售時間、保固等各個面向，勿給不當承諾。

銷售注意事項

談到銷售，以賣房子為例，幾個務必注意的事項，一一解析如下。我將之區分為如下七點並一一詳細說明。

1. 了解需求的判斷力
2. 對物件的全盤了解
3. 約看加促銷
4. 在帶看中試探喜好

5. 引導出價與服務費的告知

6. 堅持到調價、同時預約簽約時間

7. 準備成交

1. **了解需求的判斷力**

　　仲介本身對人性要具備一定的敏感度，才能以同理心揣測客戶想買的理想屋是什麼。其次，進一步了解客戶心目中的總價、格局、屋齡，以及其自備款、還款能力等等，有些仲介不問任何問題，真不知道一片空白的狀況下，如何替客戶找到理想的物件。

　　總價方面，至少問清楚客戶的經濟能力，能承受到何種程度，每個月的還款能力；格局上，要知道家裡一共住了幾個人？小孩子多大？未來是否即將增添新成員？或者，能接受夾層屋嗎？可以接受的屋齡？屋齡也可以從客戶目前所住房子的屋齡來判斷，若客戶現在住的房子是十年屋齡，可能比較不能接受更老舊的房子，會以屋齡五年、或三年左右的房子為主。

　　關於財務問題，準備一定的自備款相當重要。一對年輕夫妻存下200萬自備款，也不能介紹總價1000萬的房子。因為自備款最好占總價的三成以上比較安全。確認完自備款之後，便是其還款能力，仍得了解客人每個月準備多少款項還房貸。

這一點與客戶的收入息息相關，有些人準備好600萬的自備款，概算下來，約可買到2000萬左右的房子，扣除自備款後，仍需貸款1400萬左右，也就是每個月要還款至少7萬元，是不小的負擔。唯有事先試算才知道能力所及，上述的所有因素都必須相互配合，才能替客戶找到最適合的房子，缺一不可。若無法從對話中了解客戶以上這些狀況，自然難以成交。

TIPS 了解需求的判斷力，包括敏感度、總價、格局、屋齡，以及其自備款、每月還款能力等，都要通盤了解。

2. 對物件的全盤了解

如果你是房仲，現在要帶看一個新社區，你會如何準備？小何強烈建議，一定要了解整個社區的所有委賣案件，最糟的狀況就是公司只簽了其中一間，然後事先不做功課便直接帶看，對同社區的其他案件完全不清楚。曾有客人因為喜歡某社區、事前早已透過其他仲介看過同社區案件，對該社區的了解比仲介還深入。

做功課的同時，也要了解所有委賣的底價到底是多少。若開

賣比其他房仲還貴，當然不會成功。因此，帶看前請務必先上網做好準備，把同一社區的所有案件做通盤了解與比較。若是自家公司所簽的案子較貴，建議也可與便宜個案的公司相互聯繫，以進行配案。

帶看時，全部的案子便可一次看完、一網打盡。此時更可告訴客人，「我是沒有私心的房仲，若是對自己公司的案子不滿意，也能介紹其他公司的案子來考慮」，如此也是一種服務上的貼心技巧。

當然，以往每一次的成交價格也要心裡有底。有些買方很用功、很聰明，早就做好功課，如果你開價4500萬，而買方卻知道上個月、同一社區的成交價不過4000萬，仲介卻未掌握到這個消息，如此，這個仲介便大大丟臉了。尤其，如今實價登錄的資訊清楚透明，房仲更要能掌握最新的成交價格。

關於底價與服務費，事前便要了解屋主的底限何在，否則一旦客人開口問售價時，居然一問三不知！或屋主原本開價1800萬的房子，隨口以過往經驗回答大約九折、差不多1600萬就買得到，結果屋主的底價卻是1700萬，只要發生一次這樣的狀況，就會讓人對你的專業度大打折扣。

反之，也可能該物件已經賣很久了，現在只要1300萬就能買到，但你卻毫不知悉，白白錯失大好機會。所以，行銷的這一方，務必要跟開發方保持良好聯繫，明白屋主的底價，以及最後收入相關的服務費等數字。

　　最後是公設、管理費、車位等細節。出發前，對物件的公設要清楚了解，像社區地下室裡有卡拉OK，或頂樓有健身房、公共晾被處，這些都有加分效果。並且要了解實際使用狀況，有些社區的公設乃是違規轉用，游泳池最常發生非法使用的情況，因其法定名目極可能是消防蓄水池，完全不可作為游池。其他諸如有無公用停車格、共用機車格，管理費之計算等，也要記在心上。

　　小何從事房仲近十年的心得是，帶看新物件時，大樓裡提供暫用的臨時車位在哪裡，常常是客戶對該物件喜好與否、對房仲打分數的第一印象。客戶也會詢問像是垃圾、廚餘如何處理等小問題。「魔鬼藏在細節裡」，任何行業皆然，若上述這些事情，開發方未注意、也沒有填寫清楚，建議一定要親自到現場走一遍、問出來，徹底了解。

　　帶看時要注意的地方，包括某些社區帶看需要事先預約，甚至付費申請。房屋鑰匙究竟在公司、或在管理員手上、或是聯絡

好屋主到場等他開門等細節,也必須弄清楚,並時時確認鑰匙的最新情況。

曾發生過物件恰恰於一兩天前賣出、鑰匙已由屋主收回,仲介仍繼續約客戶看屋,先別說浪費了大家的寶貴時間這件事,這種散漫的做事態度,客戶馬上就不滿想換人。還有,許多豪宅規定帶看的時段,例如晚上六點後、或中午休息時間不可帶看,皆須逐一確認。

BOX 他山之石:小何的做法 ────

　　為了確認物件的各個細節,不妨利用現成表格,表列寫清楚,包括哪些公共設施可利用、使用上的相關規定,管理費如何計算等等,一目了然。

　　帶看時的公共停車位在地下幾樓、幾號停車位等等,建議寫在最前面,這點相當重要。尤其大社區停車位眾多時更要注意,有些房仲只寫上3號車位,未註明樓層(一般會從較低樓層開始編號,所以3號車位可能在最下層,若沒搞清楚,誤以為在B1就很糗了!),建議帶看前先全部走過一遍,到時才不會連車位都找不到。

3. 約看加促銷

有了完善的準備工作，接下來可以展開約看加促銷。不需要一直打電話給客人解釋一大堆細節，打電話給客人要快、狠、準地簡短說明。

小何的做法是，打完招呼後，立刻告訴對方：這間對你是最好的選擇！並言簡意賅地解釋該物件好在哪裡，為何適合他，請他盡快來看屋。重點要投其所好，激起對方的慾望。若對方沒有興趣，也不要瞬間又推薦其他案子給他，不如等到適合個案再打電話。

與其不斷地硬塞案件給對方，倒不如相隔一個月後，再打電話慎重地告訴對方：這個月一直為你篩選合適的個案，這間與你是天作之合、最理想的選擇。無論地段、價位、格局、交通等都非常適合客戶的需求，麻煩抽空來看屋。這般的說話口吻與語氣，給客戶的感覺與其他房仲完全不同。

假設你現在接到保險業務員的行銷電話，若一開始就提出讓人有興趣的保單，才會耐心聽後續說明，否則一下介紹這個險種，下一秒又換別個，亂槍打鳥，入耳都嫌煩。

4. 在帶看中試探喜好

帶看的途中，還可藉由聊天試探客戶的喜好。不妨詢問客戶

近來看過哪些區域的房子，哪些原因不滿意？從客戶諸多不滿意的理由，反推出客戶想要什麼樣子的物件，能讓後續的配對更精準。

5. **引導出價與服務費的告知**

如果發現客戶對某物件有興趣，便可引導他開始出價。好物件人人都搶著下手，先出價者，可取得好的順位。

遇到買方殺價砍低，也就是要求屋主讓價時，還必須告知客戶「因為你會有個漂亮的價錢，所以請支付2％的服務費。」如此，議價時就能減收屋主的服務費，以減少屋主負擔的籌碼，讓屋主比較願意讓價。這種方式在引導出價時，建議同時告知雙方，尤其要讓客戶明白之所以收取2％的服務費，我方提供的服務與價值何在。畢竟，賣方一般會從履約保證中扣除相關服務費，買方則需要另外支付，如果一開始沒說清楚，很可能造成後續困擾。

6. **堅持到調價、同時預約簽約時間**

當對方出價達不到屋主的底價時，必須向買方堅持，請加價，多退少補。

反過來，若買方最多肯出到1100萬，然而賣方1000萬就願意

賣，站在客戶的立場，也不需要讓買方多花錢，以1000萬成交便皆大歡喜了。畢竟，銷售方的客戶是在買方，替買方爭取到最划算的價位是理所當然的責任，總之，以維護自己客戶的權益為最高原則。

此外，在斡旋時，切記先與雙方預約好簽約的時間。小何的做法是，先與買方確認接下來哪幾天可能有空檔，然後，立刻聯絡屋主，迅速協調出最後的簽約時間。避免時間拖久了，買方或賣方都可能出現其他變數，導致夜長夢多。

BOX 成交時的大忌

提出一個觀念，那就是——永遠不要在電話裡喊成交！房仲前輩們告誡，通常這樣做最後的下場都不會成交。為什麼呢？因為這樣開心地一喊，在話筒另一邊的屋主立刻覺得「糟了，賣便宜了！」而買方則覺得「天啊，被坑殺了，一定買貴了。」簽約日也許又得再次議價，又是麻煩。良心建議是請雙方到公司再次確認雙方意願並簽約後，再恭喜他們買賣成功。

這應該是房仲業的一種忌諱，所有高總價的商品銷售，不論是買賣車輛、珠寶鑽石、理財專員、預售屋等在內，務必請客戶到公司現場確認最後的價錢，一切都以簽約為準。

7. 準備成交

經過了前面重重關卡的努力，好不容易到了最後第七點，成交之時才是最大的關鍵。

根據經驗，許多糾紛的發生都是因為沒做好第七點。有些個案花上一、兩年，都不見得能夠圓滿解決。這也是為什麼老房仲常說「簽約簡單，簽約後才是頭痛的開始！」要預防這種狀況一再發生，解決的策略就是簽約時、把所有買方的注意事項全部完成，像是契約變更（簡稱契變），所有簽約之前的契約變更務必全部寫清楚。例如出價1000萬，最高願意加到1100萬，此時必須把最高出價1100萬這個數字寫好，請客人簽名確認。

亦即，最後的出價數字、契約變更的條件、服務費多少金額等等所有該付的費用皆以清單列出來，一一請買方確認簽名。舉例當1000萬加到1100萬時，裡頭是否包含服務費、契稅、代書費之費用，全都當場確認，並簽名後，才能再往下進行與賣方間的簽約。

簽約前，有必要先替買方打預防針，包括告訴買方今天你買到這個房子非常便宜；今天是因為賣方看到你跟他很契合，所以願意賣這個房子給你；今天買這個房子一定沒有問題，這一間比其他間都更為物超所值……，才能夠讓買方的心裡更有安全感，

更加肯定此次的交易。如果只是一味地催促客人趕快簽約，可能連裡頭的條文都沒時間一一看完，到時候很容易產生問題。

簽約時，最重要的是備齊所有資料。唯有雙方準備好全部資料，包括相關的授權、身分證、印鑑章等，才能確保滴水不漏，所簽下的買賣契約才是完整的。其中，授權書非常重要。曾經碰過的個案是，全部的人都誤以為賣方就是屋主，最後才發現賣方這位先生未經合法授權，房子在其妻子名下，根本不可能過戶，買賣當然無法成交。還有屋主的委託書過期、屋主未出具權狀、帶看紀錄沒有簽名，契變沒有簽名等等，之後都可能變成雙方反悔的瑕疵之處。

還有，若斡旋單的「審閱期放棄」（主要因為消費者保護法中規定，應有三天審閱期的相關規定）這一項沒有簽，或是收訂金的欄位未簽名，買方也可能不認帳。

關於簽約金，最好能預先向買方多收取，以減少其反悔機率。尤其遇到同業競爭時，極可能發生慫恿買方放棄訂金、反悔不買。這時，簽約金若一開始便收取到30萬現金或100萬元的支票等等，自然能夠減少遭到同業破壞的風險。

最後，簽約前務必簽好服務費確認單，確認服務費的金額。

一旦雙方簽完約之後,通常很難再有機會討論服務費相關的問題。

TIPS 在準備成交時,要注意的地方包括:契約變更、打預防針、建立安全感、備齊資料、準備簽約金,並且要簽好服務費確認單。

4-6 個人行銷術

個人行銷術是一種推廣上的策略運用,分為一對一行銷、關係行銷、整合行銷與機會行銷等方式,並提出銷售與行銷管理所面臨的問題。

個人行銷術:一對一行銷

所謂的一對一行銷,就是對應單一客人的行銷方式。話雖如

此，對眼前的客戶當然是一對一，然而這整套系統必須用在不同客人的身上，因此，事前的準備作業其實是一對多的狀態。

一對一時，要做哪些事呢？分析的面向包括人與交易兩方面。

第一點是，確認客戶的消費歷史。如前所述，了解需求的判斷力，包括敏感度、總價、格局、屋齡等都很重要，然而關於消費歷史，像是他曾住過什麼區域、哪些地方？現在住的房子市值多少？可以再貸款多少？要不要賣？這些問題都可以在聊天中獲得情報。

因為，人一定會想往高處爬，自然要求越住越好。既然要賣他房子，當然必須先了解至今為止的房屋消費史。舉例該人原本住在台北市中正區，那他應該比較喜歡文教區的感覺；如果住在信義區，那他可能喜歡商業繁盛、生活機能便利的區域；若住在萬華區，那可能草根性較重，重視人情味；如果住天母，就極可能是國外返國定居的子女……。每個地方的調性都不一樣。原本住國宅的人，可能想換往非國宅的房屋；原本住公寓者，則可能想換到電梯大廈，或多或少都可以從中找到一些蛛絲馬跡。

了解消費史之後，再來便是找出客戶的消費模型，包括其喜

好、自備款、還款能力等等,從中找出規則、歸納類別,便可設定觸發點,也就是替他量身訂做、找到適合的物件。接下來則是事件的觸發,例如在房仲業裡開始傳資料、LINE照片或是約看等等,這些都是針對個人所可以做的主動行銷方式。

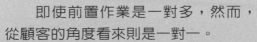

TIPS 一對一行銷

即使前置作業是一對多,然而,從顧客的角度看來則是一對一。

相關流程包括:了解消費歷史→確認消費模型→找出規則→設定觸發點→觸發事件→針對個人→主動行銷

個人行銷術:關係行銷

在第二步的關係行銷裡,分析對象放在人、及其所衍生的各種關係。建議每年都可寫信關心一下老顧客的現況,或是逢年過節送點小禮物,讓客人記得你,甚至願意介紹親朋好友向你購屋。

房仲要建立一個基本觀念，那就是一個好顧客可以與你建立起長期關係，進而成為忠誠的顧客。而我們仲介要做的事，就是讓顧客的終身價值極大化，讓他一輩子都是你的客人。一個好的顧客，也必然能夠讓你循其關係擴大客群。我們要做的，就是要讓顧客網絡價值極大化，讓他身邊的人都變成你的客人。

　　小何的做法是「善用真心」，例如長期關心客戶入住後有無遇到什麼問題，或認真挑選年終好禮，讓顧客常常望物思人，關係自然可長可久，甚至發揮網絡效應。就像開賓士車的人，他身邊的朋友可能不少都開賓士車；開奧迪車的，身邊好友可能也都是以奧迪車為主，甚或組成車隊，這就是一種互相影響的力量。提粽子要抓粽子頭，團購要抓對主購，只要能抓住有影響力的人、找到意見領袖，自然就能有源源不斷的客人。

　　關係行銷裡，還有一個傳銷精神也必須一提。建議提撥一些介紹費，或許就能運用到不同路線的人幫忙介紹客戶，像社區大樓的警衛、或主委。也有一些老師及公務人員，他們喜歡簡單而不複雜的人際關係，希望熟識的親朋好友和同僚能住在同一個社區，這些人也可能會自動自發地幫忙介紹。事後如能給個紅包，讓對方增強這方面的動機與滿足感、成就感，說不定會成為如同直銷業的下線般，這樣也很不錯。

甚至也可運用像VIP晚宴之類的專案，找個生日宴的理由邀請大家聚聚，都是維繫好客人感情的一種方式。

> **TIPS** 好顧客→長期關係→忠誠顧客→顧客
> 終身價值極大化
> 好顧客→循其關係→擴大客群→顧客
> 網絡價值極大化

個人行銷術：整合行銷與機會行銷

整合行銷與機會行銷，每個人都知道十分重要，其基本觀念就是緊密地結合服務與銷售環節，隨時把握行銷機會。有時在吃飯聊天中，無意間探聽到有人需要買房子、或朋友的小孩即將結婚有購置新房的需求；或是當友人的子女到了求學階段，或許能建議是否買間小套房，以取得更好的學區等等。例如有些客人習慣住在物價低廉的萬華區，卻未曾想過，其實隔壁不遠的中正區擁有相當多好學校，開車騎車、搭公車大約十來分鐘就到。需求是被創造的，當你提出客戶未曾想過的、看世界的全新觀點，或許能成就你的大好機會。

另一方面，也可以化潛在的抱怨為新生的商機。該如何做呢？

　　例如，當你聽到有人在抱怨房仲業、或其他房仲時，便可順勢展開預防行銷。告知對方破解其他仲介的話術與陷阱，自己絕對不會利用此種方式來騙人，換言之就是「跟我買，最安心」。又或者當遇有客人抱怨之前的仲介都不用心、沒有好好廣告替他賣房，這時，便可立刻拿出手上資料與手機上網，告知該位客人將使用多少方式來上廣告、作促銷，而您的房子也會是其一，自然讓人產生信心，增加機會。

　　有些仲介習慣先以低價釣來客人，最後東加西加，反而讓人超出預算，建議最好還是實話實說，不要欺瞞客人。也有房仲反過來先以一個價位請來屋主洽談，到現場後再以種種理由大殺屋主房價，這些不當方式都很容易造成客戶不滿，降低仲介個人評價。

　　若是另有其他專業，例如有配合的裝修業者，或自己有裝潢團隊可接案，與客戶溝通時，得知房子需要裝潢的第一手資訊時，便立即提供第二階段的額外服務，例如建議改成套房，以增加其附加價值、得以用更高的價位出售，這些都是機會行銷的方式。

機會行銷的實例

　　小何曾有個經典實例，便是在辦信用卡過程中因閒聊而創造出對方需求，最後竟賣出一間房子的故事。

　　辦卡聊天時，得知朋友所介紹的信用卡業務人員，才剛賣出三重的一間房子，於是隨口問道「是否有再次買房子的需求」。對方一方面想到自己手上有了一筆閒錢，另一方面則抱怨之前的仲介以房子有壁癌為由，把賣價大砍到一坪23萬，由於該賣價遠低於當地行情，小何立即斷言「購買者應該是投資客」，並專業判斷告知，房子的壁癌約只需3至5萬元就能修理並大幅改善，根本不應該因此成為被砍低100萬的理由。

　　先以專業說服該客人，並取得其信賴後，聊天中又得知此客人之前住中山區的歷史脈絡，於是，小何便推薦同事手上落於客戶兒時居住的同一條巷子之物件，成功吸引到了這名客人的注意。帶看後，對方大受感動，於是很快便成交了。

 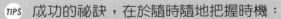 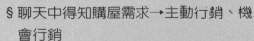

TIPS 成功的祕訣，在於隨時隨地把握時機：
§ 聊天中得知購屋需求→主動行銷、機
會行銷
§ 抱怨其他仲介→預防行銷

銷售、行銷管理所面臨的問題

關於銷售、行銷管理所面臨的問題，仍需大家努力克服。最常見的就是敏感度太低，以致在顧客掌握上有困難，無法有效辨識銷售情報。畢竟，什麼樣的人會是未來的好客戶，常常難以一眼看出，自然很可能錯失銷售良機。

另外一個很常遇到的問題，老顧客經常隨著業務人員的異動而流失。這一點跟公司較沒有關係，主要是客人本來就定著於業務的緣故，如何留下客人，是經理人的挑戰。

在進度掌控上，也會碰到一些問題。例如銷售案的客戶心理經常無法有效掌握，本來說要買五年內的新成屋，最後又因其他因素竟買了一間老宅，三心兩意的客戶最後能否成為自己的客人，實難掌控。在房仲業，主管也常遇到有些手下一整個月都沒有業績，然卻在最後幾天竟有案件成交，業務一事實在難以估算。

同樣地，當旗下業務人員遇到瓶頸時，主管也常常無法主動發覺並適時給予協助。因此，身為主管，一定要時常關心下屬，若是業務個人本身的問題，要能及早發現，並給予改善建議。

在經驗累積方面，主要是人員流動、交接時，不易做到經驗傳承。希望本書的發行，能提供一些實務的經驗，讓房仲業務更迅速地上手，做到經驗的快速累積。

最後，在業績目標上，個人及團隊銷售業績常難以事先預測，這些都要清楚認知，做好一切準備以迎接機會的到來。總之，Just do it！

> TIPS 個人行銷術在銷售及行銷管理常面臨的，包括有：顧客掌握、進度掌控、經驗累積，以及業績目標等等問題，都需更加花費心力注意。

服務管理

CHAPTER

04 服務管理

服務管理的目的，在於感動人心、提升顧客的滿意度，進而達到買賣成交之最終目標。

做法有以下四個項目：一、服務的程序設計。二、服務的場景設計。三、服務的人員管理。四、服務的品質管理。這四個項目大大左右顧客的滿意度。

第一節

程序設計

服務管理的首要工作是程序設計，細分為三個項目來探討。首先，了解何為服務程序，才能達成好的、有效率的服務程序設計；其次是提出服務藍圖的步驟；第三、如何減少面對顧客時的服務失誤。

服務程序與效率

所謂的服務程序，就是近來很紅的SOP，亦即把服務的流程「標準化」。建議先確認服務品質的指標，有了指標再訂定出一套標準，才能檢視服務的績效。

服務品質的指標──成交前

接觸客戶的談吐禮儀、提供什麼樣程度的專業服務、時間的掌握、對於物件本身的滿意度、回報顧客的速度等等，都屬於成交前的服務品質指標。

新進業務在正式接觸客戶之前，房仲公司會要求服裝、談吐、舉止、態度上，必須達到一定的禮儀標準；在專業部份，除了跟著學長姊學習相關的服務方法，同時必須定期上課，以累積自己的專業。時間掌握的好壞，通常是服務滿意的關鍵點，包括跟催的時間、及成交前定期電話追蹤的頻率等等，分寸的拿捏都應注意。有時候花掉客戶過多的時間，或者根本沒花時間在該名客戶身上，都可能造成客戶的不滿。

顧客對物件本身的滿意度也很重要。一個業務報給客人三個不同的案子，大致符合客戶的需求，那麼，客人對物件的滿意度或許可達到80分；另一位業務也提供了三個案子，卻達不到客戶

的要求，客戶的滿意度自然不高，可能連60分都沒有。不論客戶最後是否購買，都希望房仲所提供的物件至少能符合客戶的需求，如此，在滿意度的基準上，自然能拿到較高的分數。

在回報訊息給客戶的方面，包括回報目前手上有哪些新案子、可能成交時切記回報進度、追蹤客戶是否喜歡該物件、什麼原因造成客戶仍在考慮觀望，甚至當客戶最後沒有購買而被他人買走時，也可以回報給該客戶，讓客戶明白我們提供給他的案件是最好的。

服務品質的指標──成交後

成交之後的指標則包括關心、進度、詢問是否需要額外的服務等等。

在成交後，要適時給予客戶關心，詢問是否需要貸款、貸款辦到何種程度、是否需要協助。若資金已備妥，便可詢問房子要登記誰的名字，以提供後續進度的協助，千萬不能成交後就從此人間消失、漠不關心。客戶入住後，也可親自到新屋處關心住得開心嗎？有任何問題需要協助嗎？

關心之餘，也可順便提供一些簡單的額外服務，像是預先幫顧客換燈泡，或介紹自己熟識的優質搬家公司，類似這種小地方

不妨主動告知客戶，並加以追蹤。許多簡單的舉手之勞，雖然不見得是自己業務範圍內的事情，但是如果能立即提供一間利率較低的銀行，肯定能夠提升顧客對房仲的滿意度，使整體服務品質更上一層樓。

TIPS 服務品質指標：
成交前——禮儀、專業、時間、物件滿
　　　　意度、回報
成交後——關心、進度、額外服務

服務程序標準

在訂定標準時，要建立一套適用於所有人的規範，勿太嚴也勿太鬆。比方規定所有業務一個月要進四個案子，一周至少帶看三到五間等，這種標準必須依據平均值來訂定，切不可訂出一套幾乎所有人都達不到的高標準，像是一天帶看五個客人。當然也不能太過寬鬆，像是一整天都不清楚手下業務跑哪兒去，一整個禮拜都不知道他做了哪些事，如此也不適當。

績效標的

如何檢視績效？首先要看成交、與未成交之顧客滿意度。

　　未成交的滿意度通常相差無幾，唯一的例外是遭到客訴，表示太差了、極度不滿意且生氣到客訴的地步。若是成交，便可利用問卷調查來了解顧客真正的滿意度。

　　上述的幾項，是由客人的角度來評定一名房仲業務的服務品質指標。當然也要從公司管理層面來判斷該業務的服務狀況是否優良，亦即以業績、案量、同事互評等做一綜合性的評估。從公司的角度而言，一名業務的績效仍與全年度業績、進案量、帶看量等數值息息相關。有些人屬於帶看量很高，有些人則是開發的功力很好，能與業主打好關係，因此進案量很高。

　　由於各人專長不同，這些都可列入考量。最後也最重要的，則是該名業務在同事眼中的觀感。例如某位同仁業績極佳，但跟同事們都處不來，人緣很差，可能有潛在的問題，長期以往，若顧客對其滿意度也不高，甚至常常被客訴，就必須考量該人對整體組織是有利或不利了。

建構服務藍圖

　　建構服務藍圖的步驟有三：首先，要從業務端、與顧客面各自的經驗值去取得可用的腳本，因為業務與顧客的角度肯定

不同，兩邊想得到的服務流程也不一致，必須從兩個方面綜合來考量。

其次是發現系統可能的偏誤。從主管的角度，一定希望旗下業務們能跟催得勤快些，今天跟催、明天跟催、下周跟催……然而，若從顧客的服務品質這方面來看，跟得太緊，極可能造成顧客反感，兩者間要取得平衡點。

第三是詳細說明執行的流程。好比將顧客加以分類，像A型的顧客群可能需要高度關心，所有帶看都得回報，站OP要回報，甚至帶看後替他關燈、關冷氣的小事都要一一回報。B類型的顧客群則屬於一個月彙報一次就可；C類型事先就已說清楚講明白，因為屋主決定賣1000萬，沒有出價到至少950萬以上的客戶都不必聯絡他的原則。因為執行方式皆不同，所以必須制定不同的教戰守則。唯有適合客戶類型的執行狀態，才能夠大致符合其期望，以達到較高的滿意程度。

BOX 名詞解釋

　　跟催：催促客人是否約時間看屋，催促客人要不要下斡旋等，都是跟催的一環。

如何減少對顧客的服務失誤

顧客得來不易，然而在服務過程中，最怕的就是因為自己的失誤而造成顧客不滿意，導致無法成交。有鑒於此，在可能的範圍內，減少任何的服務失誤，將是使顧客滿意的不二法門。

欲減少與顧客應對進退時的失誤，不妨試著從以下六點加以判斷：顧客角色分析、挑選顧客、訓練顧客、激勵顧客、評估顧客、以及終止顧客。

顧客角色分析

服務的當下，誰才是下決定的那位關鍵者，Key Man才是有能力購屋的人。

要判斷眼前的客戶是否為決策關鍵人士？其背景如何？家中地位如何？舉例來說，當父親要替子女購屋時，即使帶看時子女非常喜歡，但因為出錢的畢竟是父親，此時得先說服爸爸才有些許機會。喜愛者並非最後下決定者。

身份背景的不同，也會造成服務流程的差異。例如一般背景的客戶也許騎摩托車帶看就可以，然而要是有位大老闆想買屋，當然得開車帶看，注意的細節也不盡相同。是以，背景不同的

人就要有不同的服務方式。

挑選顧客

在挑選顧客方面，客人是否願意配合？與客戶聊得來嗎？都是可以判斷的重點。若一開始就跟眼前的新客人談不來，便可嘗試著由互相搭配的同事擔任主談，當可減少服務上的失誤。

交談時便能判斷其動機是否強烈？目的為何？若只是隨便逛逛的客戶，就不要硬逼他看房。如能知曉眼前客人的主要目的，便可對症下藥，例如目的若是投資，那麼一遇見便宜划算的個案自然就會出手；若是準備結婚的一對新人，小何我總是積極而熱心地替他們找適合的新房，盡早找到，那他們的服務滿意度肯定比較高。可別以為只有顧客能挑選業務，事實上，業務同樣也在挑選顧客。如何挑選合適的顧客，也是服務滿意度上重要的一環。

訓練顧客

所謂的訓練顧客，最主要就是教導客人如何判斷好的物件、以及應付其他業務的後續跟進。

此時通常也是替客人打預防針的時候。我們必須告訴客人一件事實，房子在委託出售之後，其他同業極可能聞風而來，家

裡的信箱每天都會有很多開發信，晚上甚至到了深夜都還會有人來按電鈴、希望你把房子交給他們銷售。這些業務的固定說詞常常是「既然你的房子已經決定要賣了，我們手上已有現成客人，能夠很快成交。」針對上述說詞，要教育屋主，請他告知對方，房屋已經委託由哪家公司的某某人代為銷售，請直接找該業務配合，不要再打來了。畢竟，對方連房子都沒看過，就說他有現成客人，實在太不合理，不予理會為佳。

事先訓練顧客還有一個重點，順帶教育屋主認識房地產的專業知識，例如什麼樣的房子才是好房子，如此的做法會讓客人認為即使出門來看屋也能增長見聞，比較願意跟你看屋，看屋的心情也比較好，成交相對比較容易。

激勵顧客

除了理性地教育顧客，也要常常給予顧客正面的鼓勵，包括他所卜的決策，以增強顧客的信心。

有些客戶會擔心自己雖然已經準備了一筆資金，但是之後仍得每個月付貸款，因而有了壓力。這時候一定要「適時」給予正面激勵，告訴他「這是一種置產，另一種投資方式。」尤其買的價位是可負擔的能力範圍、現在買的價錢非常合理、日後必有增值空間、買起來很划算等等。千萬不要唆使客戶去買一個超過能

力所能負擔的產品，因為，買東西最怕沒有信心，若只是一時衝動，最後可能仍會後悔，即使簽完約之後也不見得滿意，唯有在具備信心的前提下購屋，才能真正滿意。

評估顧客

再來是評估顧客，例如該名顧客的財力足夠嗎？是不是急著要租或買或賣，不太急迫的客人就不必非得排在優先的順位，做事情才有效率。財力不夠的客人也不要硬逼，逼迫他人本來就不是件好事，而財力不夠的客人要擔心後續容易出問題。評估的第三個重點是，自己能否確實掌握該名顧客？

最近有一些案例，像是遇到思考邏輯不清楚的顧客、精神上疑似罹患躁鬱症的客人，現在他似乎懂得你的說法，下一分鐘卻又立刻反悔了；今天他這樣想，明天可能又有全新想法，反反覆覆，光是約帶看時間這件事，一小時內就能更改好幾次。

因此，在評估是否接待該名顧客時，必須先做好全面的考量。考慮自己是否能妥善應付這名顧客？若成交之後，以該客戶的性格對房仲而言，究竟是好或壞？也許成交後的問題反而更多，如果確定是這種局面的話，不如一開始就不要接。

尤其可怕的是，客戶會不斷地提出許多不屬於房仲負責的問

題，例如老舊的冷氣機沒有清洗；交屋後自己不去打掃整理還怪屋子裡有蟑螂；甚至遇過一類客人是交屋四、五年後，還要求原屋主要保固等等，形成工作上極大的難題。如果手上已經有很多客人的房仲，或許就毋須過於積極介入此類客人。

終止顧客

如果，經過評估後無法完善地處理發生的狀況，最不得已的方式就是放棄，也就是終止顧客，以避免造成更大的不滿。當然，自己處理不來的顧客，不妨交給其他同事，說不定會出現好的結果。

以上原則，均含括買賣雙方。只要把握好上述這些要點，自然能夠減少服務上的失誤，提升顧客滿意程度。

TIPS 減少對顧客服務失誤的判斷點：
顧客角色分析、挑選顧客、訓練顧客、
激勵顧客、評估顧客、終止顧客。

第二節

場景設計

當顧客第一次踏進房仲公司時，以客人的角度第一眼所看見的場景，例如當下的環境狀態、空間配置、店內可見的各種標示符號，以及所接觸的房仲人員等，皆屬於服務管理之中的場景一環。

環境狀態

首先來談服務場景的環境狀態。客人一踏進門所接收到的視、聽、嗅、觸覺等感官的感受。吵雜熱鬧得像菜市場、三排燈卻只開一排的死氣沉沉、化妝室乾淨與否、是否有異味等，立刻有感。

店頭的幾個重點務必要掌握，視覺要明亮，聽覺上可以熱鬧，但不要嘈雜。尤其客人已進入會議室，卻還有人在看電視、甚至打麻將，完全不及格。味覺方面要做到乾淨無異味，有的店家採用香氛精油，建議一定要是天然淡雅的味道，才不致反感。

空間配置

重點在於保持乾淨與整潔的室內環境。因此，適當而合乎眾人工作流程的裝潢，除了減少雜物的堆積亂放，也有利於簡

潔環境的維持。

各種大型硬體設備的擺放位置也要恰當。一間會議室是房仲業的必備品，讓買賣雙方有個可關起門來的談話空間。此外，像影印機、印刷機這些會發出噪音與熱度的機器，也不要放在距離客人太近的地方。

人員

笑容是最好的化妝品！當客人一走進店裡時，除了微笑、並打招呼問好，提供溫開水是基本的，甚至更進一步購買咖啡飲品等。而店內男性女性工作人員的穿著儀容，也都相當重要，乾淨整潔又態度親切的第一線服務人員，必可讓來客留下好印象。

標示符號

標示符號是指關於各行各業所必須具備的一些合格執照，或者相關產業的重要規定條款。以房仲業而言，內政部主管機關在房仲服務費有詳細的相關規定，最好展示在顧客看得到的地方。

建議最好能在店頭就做好「看板管理」，把所有待賣物件都寫在看板或黑板上展示，依照店面、商辦、收租、套房、兩房、三房、透天、豪宅等格局加以排列／分類，整齊又清楚，客人可以自行觀看尋找，說明時也很方便。

此外，多數人一生只買一、二次房子，但每一次的買賣都需要代書的過戶流程，也可利用看板展示，或提供簡報檔案，或利用電視來呈現。

TIPS 服務場景包括環境狀態、空間配置、人員，以及標示符號等面向。

第三節

人員管理

各行各業皆適用──如何創造一個高績效團隊？

其實做任何行業，甚至做任何事情都是一樣，一個人單打獨鬥一定比較辛苦，如果能夠集合眾人的力量往正確的方向前進，必能事半功倍、無往不利！而這時候，你所需要的，就是一個好的、具有高績效的團隊作為後盾。

業務要做得好，除了自己優先做好以外，整個團隊也都得要

跟著提升到一定的水準，如此才能增進整體團隊的戰鬥力，使所有人共同達到優秀的業績目標。也就是說，自己與隊員的業績都得要出色才行。再怎麼努力，一個人一天也不過24小時，臨時有其他業務插進來時，可能會分身乏術而無法及時處理，這時，就需要隊員提供必要的支援。

以下依照：第一線服務人員、仲介服務人員管理的循環、仲介的服務文化、以及仲介的人力資源策略等來分析。

 ## 仲介：第一線服務人員

在業務的世界裡，有一句話是這麼說的「六秒的第一眼印象決定一切！」可見得第一線的服務人員對房仲行業的重要性。

第一線服務人員就是公司的核心價值。因為，就房仲業而言，所出售的並不是真正的商品，而是一種無形的服務，因此，提供服務的人員自然非常重要，每一個人都是公司的代表。千萬不要在外頭時，還大罵自己的公司或同事，這是不智之舉。員工自己必須很清楚，其實自己本身就是一個品牌，必須好好經營，否則之後必然影響到銷售的成果。

整體來講，第一線的服務人員決定了一間店的生產力。有的店東覺得只要自己做得好就行，不在意下面的服務人員是否有業績；也有些第一線人員認為自己成績好最重要，把別的同事鬥垮也沒關係，這是因為房仲多數是高專，他們認為業績代表一切，常常惡鬥，對於組織的整體利益毫無幫助。

仲介服務人員管理的循環

　　管理的循環分為三種：失敗的循環、平庸的循環、以及成功的循環，層次各有不同。

　　首先，檢視失敗的循環。倒掉關門的店頭大都有以下因素，人員流動率高、士氣很低、整體氣氛差等等，這些狀況相互交錯影響，而且每下愈況。因此，降低人員流動率是管理人員最重要的一點，低流動率自然使得工作氣氛圓融。

　　平庸的循環：當員工處在一個工作具有保障、卻無法激發個人主動性的環境裡，就會呈現這樣的循環。這是最常見的例子，這樣的公司雖然不會倒，但業績也好不了，五年、十年都是難以突破的狀態。唯有找到能刺激動力的熱情，才有辦法跳脫平庸。許多店家不招新人、缺乏活水，老闆與員工也不願再進修，自然

很難向外拓展。

成功的循環：要能成功循環，第一步就是創造出良好的工作環境，若成天昏暗無人氣，十張桌子只有三、兩個人在位子上，很快就落入前兩種循環中。

業績好的店家除了工作環境好，在工作上的豐富度也較佳，主管與下屬間有良性互動、相互激發改善績效的企圖心也很重要。建議每周固定開會、腦力激盪，討論工作上是否有何改進之處？需要添購哪些設備？改變什麼流程？改進後是否提升了整體業績？建議主管要主動關心。

最後一點，適才適性的安排最重要。若有名員工擅長開發，手上開發的案子有4、50件，工作量已經很大，再硬逼他帶看，其實沒有效率；反之，有些人喜歡帶看，擅長社交並能完整解說，出門帶看他就開心，像這樣的人也沒有必要強迫一定要去開發業主。畢竟房仲是一個雙向性的行業，有人長於賣屋，有人強項是找房子回來賣，讓人才適才適用，才能適得其所。

適才適性這一點也牽涉到人員的豐富性，不同年齡層、學歷、背景的人齊聚一堂，通常就能從中發現每個人不同的特長。

一間店若只有年輕人，容易產生年輕人會有的競爭吵架問題；若全是較年長的人，也容易出現長者群聚的嘮叨碎唸、不會用網路等問題；屬性不同的人互相衝擊，自然就能掌握住不同的客戶群。比方有些人草根性強，適合耕耘同類型客人；有人賣過藝品、通曉日文，適合短期日本客人最多的中山區；有人打扮起來就像董事長、大老闆，形象良好，自然跟大老闆們談得來。每個人獨特的氣質與個性，有其相應目標對象群，而公司裡豐富的產品線，也需要不同形象與性格的業務做配合銷售。

仲介的服務文化

評估一間房仲店家的服務文化是否優良，使用方式大致有三：第一是觀察法。這是最簡單、快速的做法，直接把自己當成客人到店裡諮詢，觀看工作人員如何服務顧客，如何解釋產品，進行實地體驗。其次是問卷調查法，藉由書面問卷了解顧客或附近街坊鄰居對這家店的觀感。第三則是服務評量，亦即從專業人員的角度出發，來替一家店打分數。

服務文化變革策略

一旦發現問題，就要面對它、接受它、解決它。因此，實施服務文化變革策略是必要的。進行改革通常會使用幾種方式交替

搭配。

第一種方式是「從根本改變組織結構」，這個方法最困難、也最徹底。店舖組織複雜是房仲業界最常遇到的問題，店裡同時包含普專與高專，有人領底薪，有人完全領佣金，兩方面常因工作方式不同、關注焦點不同而產生衝突，有些老闆會把普專高專兩種人員區分為兩間店，雖是相同品牌，一間店全部領底薪，另一家店全靠佣金，同事間的想法與利益比較不會有衝突。不過，這樣做的前提必須案量夠大、業務人數夠多，至少五、六十名，普專店可用在訓練房仲新人，成熟後再轉至高專店，如此的營運模式較不易造成文化的衝突，也是許多老闆期望達到的目標。

第二種方式就是改變制度，包括訂定新的標準、並搭配升遷與獎金制度重新施行。舉例說明，規定必須達到一定的業績標準，還必須符合新的條件，像服務評估得達到要求的分數，或好到什麼程度，才能升任主管職（當然，本身想要更上一層樓的意願也很重要），這也是許多主管會採用的方式。另外，額外設立服務獎金，也是可以採用的方式。

當然，升遷也是一種改變人事的方法，因為一個新人升上來，必然會帶來全新的文化。或直接把不適任的人換掉，有些老

闆所聘用的店長不適任，這時，只要更換店長，整間店的風氣就會隨之改變。這樣的做法也要謹慎為之，一個每天只會逼迫員工的人擔任管理職，卻不會帶人，很快就會出現問題而改革失敗。

最後要談到的是「改變教育訓練」。在房仲業界裡，常常面臨的一個長期性問題，就是員工所受的教育訓練不夠完整。這一點著實有待提升加強。尤其各行各業皆從新人入行的教育訓練來調整打扮、心態與談吐舉止，高品質的服務肯定必須要求才能達成。像對應客人的禮儀建議一開始就訓練到位，才能養成習慣，內化為基本的服務文化。若一開始無所謂，之後又突然嚴格要求，反而會導致人員無法適應而離職。

由於房仲業至今仍採用所謂的師徒制來帶人，與裝潢、泥水在內的許多工匠情況一樣，若入行起步一開始就跟錯人，或跟到一個處處留一手的老師，學不到正確資訊、抓不到辦法在業界立足、存活的可能性會大幅降低。因為不見得有老師願意敞開心胸教你評斷房屋好壞的原則，也沒人會告訴你客人如何分類等等專業知識。

這也是本人之所以心心念念要出版此書的主要目的，希望透過有條理的分析與指導，讓房仲業的基礎教育訓練架構更加完整。並期使此書內容能發揮糾正業內不良文化之效。

TIPS 服務文化變革策略的方法：改變組織結構、改變制度、改變人事、改變教育訓練。

仲介的人力資源策略

與其他多數業種相同，在人力資源策略上，約可分為雇用策略、訓練發展、酬庸策略及留存策略等四大項目來考量。

雇用策略

人力資源管理的前提當然要先有員工，面試時著重在如何挑選到合用的人才。一如之前所言，人力的運用要適才、適用，最好還具有互補性。找到對的人才後，要放在對的位置。當然，個性與背景雷同的人容易聚在一起，然而好相處的同事間會出現一個盲點，就是缺乏互補性。因為多數場合裡，談判策略的運用最好是一人扮白臉，另一個扮黑臉，剛柔並濟，往往能取得較好的成效。

訓練發展

第一個重點是替員工做完整的教育訓練。事實上，要讓人員

達到專業的水準，後天的補習，以及當事人研讀專業相關書籍都很重要。尤其現今知識日新月異，時時補強、更新是必要的。

　　第二個重點是同事彼此間的人際關係。這一點從人員確定上班時就要開始要求，養成好習慣。例如要求同仁們早上進來時一定要互道早安，同仁們相互溝通時要客氣，不要動不動就吵架，互相關心才是王道。

　　第三個重點在於道德，這方面不單僅靠長官的要求，同時要提出實際身教給下屬。例如業界一旦發生不好的案例或壞榜樣，周會時就提出來分析、解說、告誡，並且再次把房屋仲介在道德上的界線明確告知，讓員工知曉與明辨何事當做、何事不該做。

酬庸策略

　　獎金對業務而言是非常重要的收入來源及存活關鍵。由於獎金的分配尚牽扯到公司能否長久經營、如何加以分配才合理公平等問題，在在需要一套清楚的標準。唯實行之際，仍該有些許彈性，年終時可以找一些不同的名目，例如服務熱心、全勤、不遲到早退等等，給予做得好的員工一些額外的鼓勵，或私下的補償。

　　當然，公平仍是分發獎金時最重要的原則，不能因為自己的

私心或偏好，任意給予不對等的酬庸，一套制度化的發獎金標準，肯定能夠留住人心、抓住人才。

留存策略

最後是留存策略，讓好的人員留下來，淘汰不適用人員，必須透過適當的考核，接著再依其結果加以評估，通過的合格人才留下來。考核的方式很多元，例如可以透過前面所提的績效、案量，以及服務品質評估等等項目，作為考核的標準。並且以此標準來決定如何對應，檢視是否需要給予協助或補救。

比方有人業績很好，然而在服務方面明顯表現不佳，簽約後就忘了繼續追蹤關心客戶狀況，未跟催後續進度，未協助客人尋找適當的銀行給予貸款等等，都會讓客戶留下「怎麼這麼現實？合約簽完，業務就消失不見了！」的不良印象。經評估之後，如果發現這名業務的案量差、業績差、服務也差，不但增加公司成本，也對同事帶來不良影響，就該認真考量此人是否值得繼續留用。

TIPS 人力資源策略可分為雇用策略、訓練發展、酬庸策略及留存策略四項來進行考量。

品質管理

人們選購商品時，都很在意品質，卻常常忽略了存在於各行各業的服務品質。正因為服務品質看不見、摸不著、聞不到，常只是一種感受與體會，較難加以衡量與記錄，不代表它不重要。之所以強調品質管理，乃因其最大效用在於稽核、與經驗傳承兩方面。首先，以五大構面探討如何衡量服務品質，後續再談到服務管理可能面臨的問題。

服務品質衡量構面

眾所周知，服務品質很難量化，在此，仍歸類出五種服務品質的構面，提供大家參考。

服務品質的衡量分為有形的、可信賴性、反應性、確保性，以及同理心等五大構面，以下試舉一些適用於衡量服務品質的問題加以說明。

1.有形的

顧客面前的員工，以及所有有形的硬體，都是構成服務品質

的一環。

就人員而言，6秒就能讓別人決定對你的第一印象。例如覺得很陽光、很休閒、很正式、很乾淨；所使用的物品是地攤貨或名牌，還是無logo卻高品味？所開的車是否引人目光，也都會被對方不自覺地列入評分表中。開一台賓士車為客人帶看，或許就能引起他人的興趣，覺得這個仲介居然開一輛高級車款做服務，亦即利用有形的設施讓他人立刻注意到你。再如一杯現磨現煮的熱咖啡，這樣小小設施所提供的服務，能讓客戶每一次都享用到，相信也會讓人留下深刻的印象。

◇有形的服務品質衡量的示例：
・與服務相關的有形設施或材料，其外觀是否吸引人？
・員工能否帶給顧客正面的感受？
・員工的儀容是否端莊合宜？

2.可信賴性

在實質有形的服務品質構面之後，下一個極為重要的衡量重點，便是可信賴性。掌握正確的訊息對仲介而言是基本功課。若客人詢問所附車位高度多少？房仲告知對方「高度為180公分、可停休旅車」。實際看屋時發現，只有155公分，這就是一種服務上的失誤。

此外，能否遵守對客戶的承諾，包括守時、解說時的承諾等，都關乎服務品質的好壞。準時抵達只是守信用的其中一個項目，若與客戶約好下午三點帶看，結果直到兩點五十分才打電話要求改時間到三點半，這時，客戶人都已經快到現場了，當場立刻大扣分。

再舉一個實例，當客戶打聽以現行條件，他的套房可貸款成數大約只有五成、最多六成，因而前來詢問小何第二意見時，我按照自己多年經驗所下的判斷是，因為套房所在地段好，加上是首購，因此，在某某銀行貸到七成理應沒問題。而後，也順利地完成這個目標，不只替買方貸到所需要的成數，同時也替賣方順利地把房子賣掉，第一次就正確無誤地服務到客人。最糟的狀況是起初以為可以，評估後發現不可行，最終只能貸到五成，這樣一定會被大扣分。

◇可信賴性服務品質衡量的示例：
· 是否有服務失誤的記錄？
· 是否能準時提供服務給顧客？
· 是否能信守對顧客的承諾？
· 是否第一次便能正確無誤地服務客戶？

3. 反應性

　　當客戶對你提出問題、要求協助時，客戶也會根據你的反應速度來評定服務品質。像客戶對房地合一稅有所疑慮，詢問眼前物件是否會被課到這樣的稅率，此時，仲介的反應便展現出他腦袋裡的專業知識。若支支吾吾、說不出個所以然，還需要花時間查詢，之後才能回應，客戶當然覺得專業度不足。而當客戶提出需求時，也要迅速回應，這與事前資料準備的妥善齊全程度有關。

　　此外，有些狀況是必須立即回應客戶的特殊需求。例如客戶家中有八十歲年邁母親，就得找出該社區的無障礙空間設施，像哪一台電梯可以搭乘、電梯能否直達地下室停車位等等。除了積極表現出願意幫助顧客的熱情，還要快速地提供客戶所需的服務。要是該社區的電梯只能下到1樓，之後還必須走樓梯，無法對應到客戶的特殊需求，服務上當然難以加分，建議重找合適的新物件。

　　近年來，重型機車盛行，若客戶有此類的停車需求，應先替客戶確認社區裡有沒有可使用的機械式電梯，此類配備如能直達B1機車停放區，甚至還有防盜設施，對於擁有重機或高單價自行車的客戶便十分受用。

○○

BOX 他山之石：小何的例子

　　小何曾經碰過客戶在簽約時竟然沒有出現，緊急聯絡後才知道，原來，客戶的小孩發高燒正在掛急診，於是小何隨即趕往醫院協助，告一段落後，再開車載客戶前往簽約，客戶大為感動，從而建立了長久情誼。這也是樂於協助顧客的一種表現。

◇反應性服務品質衡量的示例：

・對於顧客問題的回應是否太慢？

・對於特殊需求，是否能夠盡可能地滿足顧客？

・是否能快速地提供服務給顧客？

・是否總是表現出願意幫助顧客的意願？

4. 確保性

　　談到確保性的第一個衡量指標是，時時表現出彬彬有禮的態度，這可說是確保服務品質良好的首要條件。

　　其次是表現出讓顧客感到安全感十足、讓人放心的行為。因為客戶永遠都希望仲介能明確保證，當然也希望把事情交給你處理是安心的，把相關證件讓你代為保管對流程的進行會更加流

暢、順利。

　　回答問題時要能展現專業，讓客人感到確定與心安。例如客人提出其疑問，指出其他家的仲介都有包含露台坪數。然而，根據法規，露台是不能夠計入，最多只能在實坪30坪之後，加上「另可使用露台約10坪」的附註。尤其，權狀上登記的坪數是30坪，不可能違法把露台也加計進去而變成40坪。如果這樣做就是「廣告不實」，並且明顯違反法律規定。總之，遇到問題時，如能基於自己的專業提出與同業不一樣的看法，清楚明確地告知問題所在，專業才能真正贏得客人的信任。

　　◇確保性服務品質衡量的示例：
　　‧是否總是表現出彬彬有禮的態度？
　　‧表現出來的行為，是否讓顧客感覺很有信心？
　　‧服務是否讓人覺得很放心？
　　‧回答顧客問題時，是否能夠展現其專業？

5. **同理心**

　　最後的服務品質構面在於同理心，時刻都必須顧及到顧客當下的狀態。例如提供服務時，應先行確認對方當下是否方便，若正在開會、或上班期間不便接電話，日後就謹記下班後再行聯繫。

此外，不妨根據客戶的不同個性適時服務。比方有些人在賣房時壓力會很大，建議最好能個別給予關懷。多數人賣房子的理由不出以下幾個：第一是買了新房，需要變現；第二是投資告一段落、獲利了結；第三是人生遇到重大事件需要清算財產的時候，例如夫妻離婚，或長輩過世分家產等。第三種狀況的心情起伏最大，需要常常特別去電關心，開導他們，說明目前這個出售價錢還不錯，清算後便能展開新生活，接手的買方也十分中意這棟房子，也算賣給有緣人，相信對方一定會好好照顧這間屋子等等，給予一些正面的心理建設。

同理心仍要回歸到顧客的基本需求，千萬不能找了一、二十個物件，卻都不是客戶實際需要的房子。例如客戶家中有年老長輩，浴室廁所需要較大空間來安排相關的無障礙設施，這就是顧客的基本需求。

◇同理心服務品質衡量的示例：
・提供服務的時間是否方便？
・是否能夠給予個別的關懷？
・是否瞭解顧客的基本需要？

服務管理所面臨的問題

以上所探討的是服務管理之諸多面向，及其衡量的指標，但服務管理也必然會面臨一些難解的問題，有時候，甚至沒有標準解答。以下一一提出：

諮詢記錄上的問題

最常出問題的是關於服務品質的問卷調查，客人有無真心回答、答案是否就是客戶的真實回饋，並不能得知。例如有些業務會請求客人每一項都給滿分，那這份問卷的意義就不大，因為所反映的並非是真實的分數。服務表單若沒有經過系統化、科學化的處理分析，即使手邊擁有大批顧客諮詢的彙整資料與記錄，服務品質仍然無法有效加以控管。

服務差異化的問題

同樣的一種服務，卻可能形成兩極化的結果。這種情形常常是遇到不同的價值觀而有了不同的解讀，事實上，沒有絕對的對與錯，是以服務差異化不見得能夠應用在所有客人。有時候，往往出自好意的做法，然而對方卻無法理解，或根本不領情，這可說是服務業最難之處。舉例，今天帶看時，同樣小何照舊開車載

客戶前往下一站，有些人會覺得很貼心，但也有些單身女性客戶不見得願意搭車，寧願自己坐計程車前去。

稽催與提示的問題

遇到逾時、不守時，或很差勁的服務時，房仲業主管常常無法第一時間得知，以致於無法在事情惡化前應變處理，通常是收到客訴了，才知道問題大條了。

身為主管，建議最好能夠時時口頭上關切下屬作為，比方帶看的隔天稍做詢問，客戶喜歡嗎?有無遇到什麼問題需要協助?同時，若從同事口中得知客戶還蠻中意，可建議加強跟催，避免因為業務個人的時間掌控不佳或新入行不熟悉流程，而平白錯失了成交的機會。

另一種可能性是客戶表面上雖沒有不滿意的表現，但回家後因其他種種因素而產生怨懟不滿，類似這樣子的狀況確實難以預料，當然也就無法即時應對了。

經驗傳承的問題

前面曾提過，房仲業也是一種師徒制，只是實際的服務經驗

常常無法有效分享，畢竟每個人的經歷不同，談吐舉止不同，生活背景亦不同，所以很難使用同樣一套方式去實行，造成整體素質難以迅速全面提升。

結論

服務管理偶爾會面臨無解的局面，同樣的做法，不一定每次都能得到好的結果，「變化，是無常人世的真理」，把變化視為理所當然，才不會得失心過重。

顧客關係管理

05 顧客關係管理

　　繼行銷管理及服務管理之後，接著要討論的顧客管理，也是創造高績效團隊的重點之一。首先從界定顧客關係管理開始，將顧客加以分類；然後探討顧客忠誠的重要性；最後則檢視整體顧客關係管理。

第一節

顧客關係管理

　　所謂的顧客關係管理（Customer Relationship Management；簡稱CRM）乃是一種界定、吸引、差異化，藉此留下顧客的過程。

　　眾所周知，開發一個新客人所花的成本很高，產品的價格壓力因而增加。另一方面，服務品質不太可能每個人、每一次都達

到相同的水準，因此，「顧客關係管理」的目的在於讓服務的品質趨近於一致。

TIPS 顧客關係管理在今日愈發重要的原因：
1. 市場推廣成本高昂
2. 價格壓力增加
3. 服務的品質維持一致水準
4. 促使從舊客戶群裡吸引到更多客人

第二節

顧客分類

顧客管理對各行各業都非常重要，而顧客管理的首要之務，便是把顧客做好分類。首先，來了解所謂的80／20法則，學習運用該法則將客戶區分為不同類別，以提供適當的應對方式。

80／20**法則**

80／20法則乃是依照顧客所能提供貢獻的程度來加以區分。

根據研究顯示，前面20％的好顧客貢獻了利潤的150％；反之，最差的後面40％顧客，將使利潤縮減50％。

這樣的法則在房屋仲介行業也一樣適用。好客人在服務費方面通常會很乾脆地付款，不會討價還價；少數客人可能會因為仲介服務所發生的缺失，心情差而導致服務費縮減、少給，或者必須額外多花成本補強，都會使利潤縮減50％。

舉例說明，買方客人原本答應付2％的服務費，結果因服務缺失、或客人本身的緣故，最後必須拆讓其中1％的服務費，以至減少了一半的利潤。事涉最重要的利潤關鍵點，這也是為什麼一再強調，必須將顧客好好分類處理的主要原因。同理可證，好客人真的非常重要。

 仲介的顧客關係管理金字塔

將仲介的顧客關係管理區以金字塔的方式，分為三層看待：如圖示（見圖5-1）

圖5-1 顧客關係管理金字塔

　　最下層是所謂的潛在顧客──包括親自來店的客人,從網路、報紙、傳單主動來的客人,都屬於潛在的顧客群。此類客戶出現時,應先立即建檔,有空檔的時候加以聯絡,若遇有適合個案也要給予通知。

　　再往上走,第二層是經常往來的客人,此類客人需要好好維護。畢竟,像這類經常往來的客人,他們在心裡面已認可你這個人與你的專業服務,只要在顧客關係管理的維護上做得好,就一定會為你介紹新客人。因此,在重大節慶、與客戶生日之時,請務必記得與對方主動聯繫。不管是寫點祝福的文字、或卡片,或

是寄份小禮物過去都是基本動作與禮貌，至少要做到關心問候、維繫彼此間良好關係的服務。

到了最上一層的頂尖部份，也就是主要交易的顧客群。這方面分為兩種：一種是經常在交易、但金額不算大的客戶；另一種則是雖非頻繁交易、但每每成交後都能收到高服務費的客戶，即使每年的成交量不大，但是服務費卻相當可觀。

以上兩大客戶群，一在於量，一在於價，兩者均十分重要，一定要盡力維繫，並全力配合其需求。不論有什麼需要，都盡量解答並予以滿足，甚至提供額外的服務來感動對方。因為像這樣的客戶群，通常不只單一仲介服務他們，如果表現無法脫穎而出、無法提供特殊產品或獨家服務，很可能流失好的顧客。

針對最上層的這類客戶，由於財力雄厚，相對地也必須提升自己的專業程度，給予「TOTAL SOLUTION」的全方位服務。舉凡稅制、財務、會計等方面，例如新上路的房地合一稅制，就得告知如何合法節稅的方式，在什麼樣的狀況下應該以公司的名義來購買，或是什麼樣的狀況下最好以個人名義購買才划算等等，對於政策法令的改弦易轍一定要能迅速反應、解決。當然也要協助其檢視家中所有房產，像哪些房子以家裡何人為名義辦理自用，全盤了解後，才能找出適用法規達到最佳節稅效果。甚至

還會運用到自己與關係良好的銀行，讓對方取得利息最低的貸款，或評估哪間房子能借到最多的錢以使繼續投資等等，這些都是技巧。

對於金字塔尖端的客戶，如果在各方面都能妥善地處理，對方自然會放心地把重責大任都交給你。

下一章將針對一條龍式服務詳細說明。由於這類客戶想當然耳本身一定極度忙碌。做事可靠、收費合理的房仲如能取得其信任，相信對方寧可把事情簡單化，交給固定的人來處理要省事得多。當一個房仲能做到無可被取代的地步時，就已經踏上成功的道路了。

唯有留住有價值的顧客，才能創造更高的利潤，甚至也同時為客人創造更高的利潤，成為雙贏的局面。

TIPS 針對主要交易顧客群要做到的事：全力維繫、全力配合、提供額外服務、專業的提升、以及TOTAL SOLUTION。

第三節
顧客忠誠

　　為什麼所有行銷學都強調最好能讓顧客維持忠誠度，不要隨便轉移、投向他人呢？首先來探討顧客忠誠的重要性，再研究哪些做法才能維持住顧客的忠誠度。

顧客忠誠度的重要性

　　研究統計指出，要吸引到一位新顧客，所花的成本費用往往比留住一位原有顧客多出5～7倍。小何常有的經驗是，遇到合適案件想推薦給舊客人，請他出來用餐、吃頓飯聊一聊，對方考慮一下便順利成交了，不需從頭解說起；若是全新的客人，相關成本得從投放廣告開始計算，相較於吃飯僅需花千把塊也許就有成效，投放廣告至少5千、7千元起跳，還猶如海底撈針一般，難得從中找到一、二名新的潛在客人，況且對方不一定會真的過來看屋，當然也不一定會成交。由此可知，找尋新客人的成本是非常高的。

　　關於顧客忠誠，第一件事必須探討，顧客心目中對於你這名業務的印象。有人說，要消弭一個負面印象，往往需要12個正面

印象才能彌補。根據統計，企業為補救服務品質欠佳的第一次消費，須多花25％至50％的成本，才能修正顧客對其不滿的印象。同樣地，客戶對業務的服務或行為若是打了個問號，例如該業務有行為舉止讓人覺得不老實，這個不好的印象極有可能會一直留存在心裡，要想扭轉這個負面形象，或許得花上很多時間與工程，並非容易的事。

相對的，每100位滿意的顧客可衍生出15位新顧客，這是許多研究報告明顯可見的結果。將它應用在行業上，試想，一整年裡，每百個成交顧客，如能因為妥當聯繫而得到至少15名的可能買家與賣家，老顧客的確是值得投資的重要環節。因此，每年隨著重大節慶所該做的客戶維護，千萬不可少，過程中常會發生老客人又介紹親友、又簽到新案子的好事，維繫好原本客人的關係，重要性可見一斑。

再來，眾所周知，每一個抱怨的顧客背後，其實代表還有20個顧客也有同樣的抱怨，並且會向親友投訴甚至上網po文，不可不慎。假設今天有一名客戶遇到服務不佳的業務，該客戶修養好，不見得當場開罵，但他事後極可能會告訴親朋好友，抱怨某某公司的某某業務很糟糕，口耳相傳之下，影響不可謂不深遠。若是有顧客當面向你抱怨某件事某個點，其實是件好事，願意出口指正你是謂「良師」，也表示你在這方面的毛病已根深蒂固，

務必盡快改善。

「留得愈久的顧客，將帶來愈多的利益。」這個道理在銷售學上一直是金玉良言。由圖表中就可以看出來 (見圖5-2)

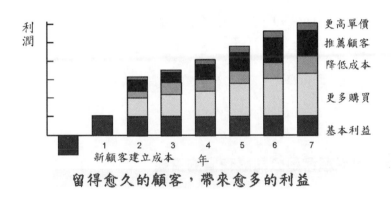

圖5-2 顧客忠誠度重要性

由於第一年必須付出建立新顧客的成本，因此所帶來的利益將會是負值；到了第二年度，才可能逐漸回收。畢竟，有的案子可能需要半年以上才賣得掉，有些大案子所耗費的時間也許拉

得更長。一旦成交後，如果能繼續與這些客人維繫良好關係，經過愈多年，相對的成本將會逐漸降低，又因其介紹、推薦的來客愈來愈多，持續有新的成交案，在基本利益、更多購買、降低成本、推薦顧客、以及更高單價等各方面交叉加乘的效果，所帶來的利益將是愈來愈高。

TIPS 留得愈久的顧客，將可在基本利益、更多購買、降低成本、推薦顧客、以及更高單價之上帶來愈多的利益。

忠誠顧客是公司最有價的資產

忠誠顧客的特色之一是「好東西要與好朋友分享」，他們通常自己本身很滿意產品或仲介的服務之外，還願意持續使用，並且樂意推薦給親友，成為一個好的正向循環。像這樣的忠誠顧客所提供的獲利，也必將符合20／80法則之中前面的20％那一類的好顧客。

以下來講一個藉由不斷維護，在其中還發生了讓顧客感動，並主動提供更多獲利的故事。

BOX 忠誠顧客提供獲利的實例

　　大約是2008年左右，當時小何仍在中壢服務，有位客人向小何買了一戶近300萬的房子（如今市價大概600萬），並交由小何協助管理租約。

　　小何替客人整理好物業之後，出租給元智大學的學生。像此類專門出租給學生客人的租屋，通常會在兩三天內完成搬出、入住的更動，當個案變多時，自然相當忙碌。

　　當時的小何，自己還是大學生，同時面對著期末考、學生房客來來去去等多重壓力，此時，又發現新個案的屋頂有漏水問題，在泥水匠來處理過，並把地板鋪平後，接下來還得再上防水膠才能完成全部的修繕，因為時間緊迫即將有學生隔日要入住，於是，小何自己去處理，施工到半夜兩三點，完工時，發了簡訊聯繫客戶表示工程已經完成。還沒睡、同時感到很意外的客戶立即回電給小何，問為什麼搞到這麼晚？他回答：「因為明天新房客就要入住了，加上我自己也要期末考，要是把它擱放著不動，兩三天後會碰到收租、退租很多細節雜事，根本來不及處理！」這個回答讓客戶很感動，尤其他願意處理到三更半夜也使命必達的認真態度，客戶對他大為欣賞，從此保持著良好關係與互動。

　　8年後，該客戶定居在台北大直附近，子女也在那一帶念書。當時，小何的公司接了一個很不錯的公寓個案，就在學校附近的大直街，每坪只要60萬出頭，在該地區相對划算。個案位於公寓3樓，採光佳，但該地緣對公司而言的距離較遠，算是外區，賣了數周都

沒有結果。就在該案即將被同業搶走之時，小何鼓起勇氣、開口詢問這名老客戶，沒想到他立刻答應看屋，帶看後的隔天，該客戶便決定購買了。

雖說這名客戶多年沒跟小何買房子了，不過每年固定的關係維護，顧客一直記得小何這個年輕人很不錯，加上手頭上剛好有閒錢，遇到不錯的個案時，把握時機，立刻出手，同時也解決了小何當時的燃眉之急。

正因為一年至少一至三次的客戶關係維護，在開車逐一親自拜訪、送禮的過程中，小何自然地對老客戶們的現行居住地有了印象，一旦遇到外區的個案需要出清時，很快就想到住在附近的好客戶。因為對方先前已經建立了對小何服務認真盡責的良好印象，如能適時加以詢問，就有創造成交的可能性。若是沒有這樣的相識歷程，或許銷售時會相對困難，這個案例可以看到長期維護忠誠顧客的明顯正面效果。

況且，客戶關係的長期維護上，所花的成本其實不高，諸如在地盛產水果禮盒、知名糕餅品牌等等，一路累積下來，如同放長線釣大魚一般，效果一定會逐漸顯現出來，之後的回收常超過預期。這些都必須建立在對顧客的深入了解，以及長時間維持住顧客的忠誠度。

顧客忠誠與強化

前面提到顧客關係管理與顧客分類，接著要討論顧客的忠誠與強化。在此所指的顧客，特別是指曾經成交過的客人，唯有成交之後的客戶才能進一步探討其忠誠度、與後續該如何強化。沒有成交的客人很難強化其忠誠度。

顧客忠誠度與強化的重點有三：一是建立忠誠度根基；二是創造忠誠度連結；三是消除不滿意因素。三者最好能成為一個循環，才能不斷地強化顧客忠誠度。（見圖5-3）

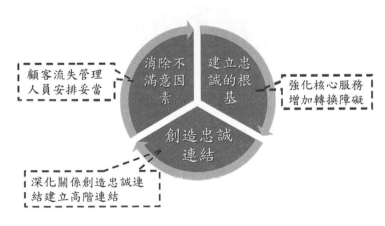

圖5-3 顧客忠誠與強化

建立忠誠的根基

欲得到顧客忠誠度，首先必須建立忠誠的根基，要做到這一點，建議朝兩方面努力：一是強化核心服務；二是增加轉換障礙。事實上，從事業務工作的首要之事，即強化自身的核心服務，這也是自我的價值所在。許多事，表面功夫做得再好，如果沒有實質內容作為基礎，一旦碰到問題，宛如大風吹過，馬上就垮了。

另一個重點則是增加轉換的障礙。亦即讓客人與你交易後，就沒辦法再跟其他房仲交易了，可能是服務品質太好、無人再能超越；也可以利用租賃建立這樣的障礙，那麼，其他房仲很難從你手上搶走客戶。

舉例，客戶有間房子沒在使用，但一時間不好賣，或是不想賣，便可建議客戶出租，如此保留了日後交由你再出售的機會。相對於售屋，出租的服務費雖然少，但這種服務仍要持續做下去的關鍵在於：既然租客是由你這邊所找到的，因為日後屋主仍可能賣屋，所以可以預先告知你找來的房客，表示屆時若有帶看房子的需要，麻煩房客能相互配合，事成後再另外包紅包，先行取得房客的諒解。這樣的做法，自然能降低阻礙，不但對自己較方便，屋主也不好意思再找其他仲介來賣屋。

BOX 他山之石：小何的做法

　　小何便經常利用租賃來建立這樣的障礙。就算屋主真的委託了其他人來賣，卻因為房客不見得願意配合，每當其他仲介要帶看時，也必須聯絡到小何，綁手綁腳，使帶看變得很麻煩。如同在屋主、房客、以及其他同業面前設立了一道門檻，從而建立了顧客的忠誠度。

　　從另一個角度分析，能夠邊租邊賣，在賣屋的冗長過程中還能有收入補貼，自然提高了屋主對你的滿意程度。

　　實務上而言，租賃大約占小何業務的四分之一強，許多同業或許是怕麻煩、或許認為利潤不高等緣故，都不太願意碰這塊。但，積少成多，一大桶金也是由眾多小金塊累積而成的嘛！

創造忠誠連結

　　做法上，就是深化與客人之間的關係，建立更高階的連結。例如提供顧客裝潢的參考，或甚至自己手上就有可以負責裝潢業務的公司（像本人的「築巢空間設計有限公司」），讓客戶繼續接受自己的服務。當然也可主動提供房地合一稅上路後相應的合法節稅諮詢。這些服務對客戶來說，仍是仲介能夠提供的專業。

　　另一方面的協助，則是生活裡額外的加分。幫客戶介紹女朋

友、臨時幫忙客戶載小孩子去補習、建議到哪裡看哪間診所哪科醫生比較好等等的生活諮詢。能夠建立如此密切的關係，這名業務已融入客戶的生活裡，已經具有朋友的身分了。在這種狀態下，客戶通常不會把房子給其他業務賣。曾經聽過有些業務陪客人爬山、打高爾夫球，甚至結伴一同出國旅遊，這些都是更深入的高階連結。新的仲介若想介入此類黏著度的關係裡，著實不易。

> **BOX 他山之石：小何的例子**
>
> 　　具有裝潢背景的小何，本身便擁有一間裝潢公司「築巢空間設計」（www.nestdesign.com.tw），可以為顧客提供相應的完善服務。

消除不滿意因素

　　消除顧客不滿意的因素在建立顧客忠誠度上，是相當重要的一點。分為顧客流失管理、妥當安排人員兩部份來討論。

　　買賣房屋通常需時冗長，在與顧客相處的過程中，不太可能

事事順利，難免有些失誤，造成顧客不滿。然而，如果能夠趁此機會消除客戶的不滿意，化危機為轉機，當事情圓滿解決之後，客戶會更加信任你，從而加深其忠誠度。重點在於願意主動做到「一日三省吾身」，找出自己在服務上有缺失的地方，並且以立即的行動加以改變、修正。

顧客流失管理的首要之務，就是找出究竟什麼原因導致流失了客戶！前面也提過適性的問題，亦即採取合乎該客戶的個性來操作，找出適合客戶性格與脾氣的做法，相當重要。

其次是安排適合的業務去帶看，這一點對於帶領業務的主管，是十分重要的一件事。一來事關待遇薪水，二來關乎客戶與業務之間的化學變化（氣質、個性相仿程度）。一旦判斷錯誤，大概就無法成交，這一點有賴長期的帶看經驗以及專業訓練來判斷。究竟考量該找業務A，或業務B帶看，誰去比較合適，應該由誰來接這個案子，實在是一門學問。

顧客抱怨與彌補

　　一如前節所述，消除顧客的不滿也可以建立起顧客的忠誠度。在這一節，我們要好好討論顧客的抱怨，以及彌補的方式。顧客抱怨的目的、與抱怨的方式各自不同，以下把顧客抱怨的因素做歸類說明，讓讀者在接觸顧客時作為參考。

顧客抱怨的原因

　　實務經驗裡，顧客的抱怨可說是顧客關係管理裡頭最重要的一點。客戶為什麼抱怨？原因可能出自於客戶本身的背景因素，也可能出自於歸因理論（也就是多數人經常只看片面的證據便擅自下結論）。

顧客本身的背景因素

　　顧客的知覺、感受難以預測，換句話說，這樣的抱怨來自客戶本身的背景因素，包括客戶的社經地位、年齡層、教育程度、所得水準、以及其人格特質等等，難以防範也無法事前預知，即使是名成熟的業務，仍有賴長期的經驗累積來判斷。

　　例如大老闆之輩的客戶不喜歡太高調，因客戶特殊的社經地位想要保護自己的心態。反之，也曾遇過藝人明星或政治人物來看屋，沒被認出來，還不太開心呢！處理方式與對應的談吐就要不一樣。

🅱️ 社經地位造成不滿的實例 ────────

　　曾有一位大老闆夫人，在小何帶她看屋時，丈夫露面關心了一下，打了個照面。第二次帶看時，小何隨口聊道：今天您丈夫在金門剪綵是嗎？夫人隨即大驚失色，誤會小何是不是從其基本資料裡調查，查出她的丈夫是誰、做些什麼，因而覺得緊張，也很不開心。小何連忙立即解釋來龍去脈，表示之前曾經在報章雜誌上看過她先生、這位大老闆的報導，上次看到他時便認出來了，剛好今早的電視新聞又有介紹⋯⋯，好不容易才讓這位夫人釋懷。像這種狀況，就是來自於顧客社經地位所產生的抱怨。

　　年齡層不同的客戶，談吐應對要適時調整。遇年紀稍長的長輩，若講話口吻、口氣過於輕鬆，常會造成客戶不滿，認為你輕浮不禮貌；但在面對年輕顧客時，太文謅謅也無法跟客戶交心。同樣地，對年齡略長的客戶最好不用以簡訊聯繫，對方因為不會

打字回覆而不知所措，產生抱怨，直接打電話最為快速、便利，清楚溝通；LINE或簡訊對年輕人比較有效，打電話對方看到不認識的號碼，反而不太想接聽或回應。

對高所得的顧客而言，騎摩托車帶看、或帶看時忘了拿鑰匙，希望對方稍候等你，這種準備不完善的行為最容易造成不滿。「時間最寶貴！」這些人最不耐等候、最受不了房仲業務浪費他的時間，加上他們都有長期合作的會計師，即使多做一些解釋都令對方覺得多餘，只需傳簡訊告知案名、地址、坪數、單價，客戶會考慮要不要聯絡你負責帶看。若帶他們去看了不符合其所得層級的房子，對方可是會很不開心，因為他壓根兒就不可能買，帶看的舉動只是浪費了雙方的時間。

反之，如只提供上班族之類的客戶案名、地址、坪數、單價這四個項目，對方會認為可供判斷的資料不齊全，根本不想理你。

BOX 人格特質上造成不滿的實例

　　有一回，客戶和一群親戚們相約，到其中一名住在南港親戚家、隔鄰的豪宅個案看屋。當這群人看完個案後，利用該豪宅一樓的接待室坐下來聊起房事時，櫃檯秘書就出面以「接待室僅提供住戶使用」為理由，客氣有禮地請他們離開。以仲介的身分當然不便說什麼，然而這名軍人出身的親戚，也就是隔壁社區的主委，就認為不受尊重而當場發飆。他認為這裡是公共空間，難道想買房的人不能在這邊體驗一下嗎？並且放話未來若成功在這兒購屋，他就要把這些管理物業的人全部換掉。像這種出自於客戶人格特質本身的抱怨，這個點通常最難預測，只能夠極力加以安撫。

TIPS 顧客本身的背景因素：包括顧客的社經地位、年齡層、所得水準、以及其人格特質等等，都可能會產生抱怨。

歸因因素

　　再來講到歸因因素，可能是仲介自己的失誤，也可能是顧客本身的問題，或甚至兩者都不是。若能明確歸因於仲介的失誤，請務必檢討、改善；如果歸因於顧客，就只能盡量注意，希望下

次避免再發生一樣的事情。一旦發生狀況，建議要等過幾天顧客氣消了、冷靜了之後，想辦法繼續與他溝通，讓客戶釋懷。至於，無法歸因於兩造雙方，而歸因於不滿意事件的因素，真的只能莫可奈何，面對它、放下它，因為這真的不屬於任何一方的責任。

舉例來說，忘了帶鑰匙、或事前沒有聯絡屋主來開門，甚至是房子已被賣掉卻不知道等等，都可歸因於仲介本身的失誤，必須從教育方式著手改善，事前再三確認萬全的準備。

建議的彌補方式，最好當下迅速地帶看另一件更好的個案，同時要能立即反應，告知客戶，前天約的時候房子還在，結果昨天就被賣掉簽約，我方尚未被告知、也無法立刻得到消息，下次手腳會更快等等。千萬不要不承認失誤，或拿起電話開罵對方業務，這些動作是沒有意義的。倒不如立刻帶看下一個個案，（因此事先至少準備一個備案）運用柔軟的方式來處理，也不會留下推卸責任的不良印象。

歸因於仲介的失誤，挽回時務必要做得有技巧，偶爾還能化危機為轉機。歸因於顧客本身的因素則常常是誤會一場，例如對同一件事情，仲介這邊的理解是客戶已經知道，事實卻不然；或客戶端以為仲介會自行處理，實際上卻因未告知仲介，仲介當然

沒有處理。像這樣的小烏龍狀況，經常都會發生，不可不防。

BOX **歸因於顧客本身所造成不滿的實例** ────

之前曾談過一個個案，屋齡五年的房子，因為前屋主長期抽菸的緣故，造成冷氣機外表略為泛黃。一直到交屋時，客戶才看到，當下表示不滿，無法接受這樣的屋況，不願意交屋。或許因為買方過去接觸的都是新成屋，所有配備都是新的，沒買過中古屋；然而，像此類附贈的設備，實在不屬於仲介的責任。而且，如果是交屋之前提出來，尚有處理的可能性，例如向賣方要求贈送相關清潔服務、或折價少許清潔費用等等，但是，直至交屋之際才提出，仲介這方也只能解釋、說明，沒有利基點能再給予其他補救了。

最後，歸因於不滿意事件的因素，通常都是突發事件。

例如小何曾經在帶看時，遇到管理員刻意的刁難與阻礙，先以沒有事先聯絡來阻擋，再以外來客不可以暫停社區車位為由拒絕進入。原來，該社區管理員有接受暗盤的習慣，事實上，房仲早已聯絡過屋主，而屋主原本的停車位也可以借用暫停，然而被帶看的買方客戶當下，以為仲介方面根本未做好聯繫工作，也曾

有客戶對這類事情當場發飆過。雖說這種抱怨無法預測，可一旦種下了不滿，對後續工作便有了阻力。

另一種歸因於不滿意事件的因素不是物件，而是人。主要是鄰居的問題，平日便有疑似不良份子出入、或常有不好的氣味，整條走道都是菸蒂、菸味瀰漫、垃圾廚餘沒包好的惡臭等等，這種狀況最常發生在眾多小套房聚集的大社區裡。最糟糕的狀況是，帶看時突然遇到隔壁鄰居跑來湊熱鬧、胡說一通，若是好心的鄰居誇讚大樓這物件很不錯，住得很舒適，當然最理想；然若隔壁鄰居想要便宜接手這個物件，心生破壞，刻意說些關於該物件的不實謠言或屋主的壞話，肯定會影響客戶的心理。

TIPS 顧客抱怨的歸因因素：
‧歸因於仲介本身的失誤
‧歸因於顧客本身的因素
‧歸因於不滿意事件的因素

顧客抱怨的目的與方式

一種米養百種人。客戶抱怨的目的與方式也是千百種,如何應對,值得加以探究。抱怨的目的,有以下幾種考量:

第一種是希望藉此得到彌補。例如賣方想折服務費,或買方要求屋主讓價,也可能就此不買,看對方如何做後續處理。第二種抱怨主要的目的只是為了發洩一下、表達憤怒,此類型的抱怨,發洩過後就沒事了,是無傷大雅的抱怨。第三種的客戶抱怨帶有少許建設性,幾乎像朋友關係的客戶甚至希望仲介能改進、或改善服務流程,這種客戶會苦口婆心地提出勸誡。也有客戶本身疑似罹患躁鬱症,常常因為各種小事到店裡找人抱怨或責罵、動輒得咎,實在難以預測。

抱怨的方式有以下幾種:(一)向仲介本身或其主管反應。(二)私底下向第三人或房仲等相關行業的其他人「指名道姓」地反應,讓同業都知道。(三)向公正第三單位反應,比方說向總公司,或找消保官、找媒體甚至找律師,這種狀況就需要危機處理了。

有抱怨就必須處理、應對,若對方一直拒絕服務,也沒其他

方法再溝通，那麼，最多就是該名客戶從此不相往來。當然，也有些抱怨的人只是默默承受，口頭上抱怨一下，這種狀況比較不會有太大影響。正所謂「會吵的孩子有糖吃」，聲音大的當然會受到較大的矚目與協助。

> *TIPS* ・顧客抱怨的目的：
> 　獲得彌補、表達憤怒、希望獲得改善、
> 　其他理由
> ・顧客抱怨的方式：
> 　向仲介本身或主管反應、私下反應、向
> 　公正單位反應、拒絕服務、默默承受

第一線人員的處理方式

了解抱怨的目的與方式之後，第一線人員務必第一時間加以應對、處理，卻往往亂了手腳。其實，遇到抱怨時，如果處理得當，對顧客忠誠與滿意度極有可能得以提升、加分；處置不當則是扣分。必須建立一套完整的危機處理流程，讓員工有所依循。

　　第一線人員處理的方式與流程，列示如下：

　　迅速行動→肯定顧客感受→切忌與顧客爭論→從顧客角度看問題（同理心）→面對問題的原因→先相信顧客→提出解決步驟→讓顧客知道處理情形→考慮賠償→堅持努力取得信任→檢核服務傳遞系統

　　當抱怨產生、或案子出現問題時，許多人不知道應該如何處理，但上述流程也很難背起來，在此，以一個實例說明相關對應之道，讓讀者融會貫通。

○○

BOX　如何處理抱怨的實例

背景／

　　同一條馬路上，相隔一個紅綠燈，有兩家建商各自推案，A建商每坪賣200萬，其中有一戶地主的保留戶欲出清急售，只要賣105萬左右；而B建商則預定一坪賣價150萬左右。

　　由於B建商為小何的準客戶，打算簽約後全部交由小何負責銷售。出清一事讓B建商董事長很生氣，他決定乾脆把A建商這一戶買下來，否則，這個差價極大、比自家建案便宜不少的個案在旁干擾，對未來的銷售將有不良影響。當然，董事長是經過評估與精算過的，買下來之後再出售，仍有相當獲利，划算生意自然願意做。

不過,就在即將簽約之時,由別家店店長所開發的該名地主,卻連委託書都沒有完成,讓董事長非常不爽,甚至立刻認定這是個虛構的假故事,盛怒之際,同時也牽連到負責聯繫的小何,打算把整個建案交由他人。小何身為配案銷售這一方,立刻知道「代誌大條」,需要即時的危機處理。

為了不失去整個案子,小何處理的第一步就是「迅速行動」,但不巧小何公出人在國外,於是由公司的學弟會合開發方的店長,立即帶了水果禮物等前去拜訪B建商的董事長以及執行長。

會面之後,首先「肯定顧客的感受」,明確告知,能夠理解他們現在的心情與想法,同時解釋、說明,確實有這樣的一個個案,我方已經取得其同意,價格也是真的,之所以延誤,乃是因為地主後來考慮是否要賣給熟識的親戚,才會一直猶豫不決,請董事長再稍等二天。此時的重點是「千萬不要與顧客爭論、辯論」,客戶如果有所不滿,當下就讓他發洩一下。

最重要的仍是「提出問題的解決步驟」,一方面,繼續與地主協調;另一方面,小何立刻打越洋電話與董事長聯繫,同時安排從當時出差所在的西安迅速飛回台灣,保證當天晚上一抵達台北便即時處理。而開發方的店長亦把握時間前往新竹找到了地主,面對面洽談,希望當晚能得到最終的結論。

在小何當晚飛抵台灣後,立刻傳簡訊「報告顧客目前處理的狀

況與進度」，告知店長當時已經見到地主一家人，並且拍照存證傳給董事長作為證明。

此個案並不需要「考慮賠償問題」，然因董事長最後回訊告知「不買了」，所以危機處理的目的在於「堅持努力、爭取信任」。解決之道是小何隔天另外找了一組買方，在相對划算的總金額，迅速前往新竹簽約完成，成功化解了地主保留戶這個比較便宜的個案。

整個過程，也一一向B建商的窗口報告，除了讓對方知道一切絕無虛假之外，迅速完成該筆買賣也代表該房屋的確是搶手的好物件。而B建商在考慮了一周之後，最後，仍然把整個案子交給小何。

分析本案，首先，請以「從顧客同理心的角度出發」，發生誤會肯定會影響到買賣雙方的心情，解釋清楚是必要的，如果可以的話，當然希望這樁買賣仍能夠繼續交易。其次，要「找出問題的原因」，主因可能有二：一是其他仲介出面阻礙，二是該屋主真的想賣給親戚，然我方配合店長在處理上有所疏失，尚未取得屋主的委託書就進行銷售，這類的人為錯誤一定要道歉。

有時候，抱怨或生氣並不是壞事，因為，它提供了一個讓買賣雙方相互磨合的機會，若處理得當，反而能讓雙方看到仲介處理事情的誠意，甚至因此提高顧客的滿意與忠誠度。

仲介在顧客管理之上所面臨的問題

各行各業在顧客管理上，都會面臨各種問題，房屋仲介業也不例外，針對以下情況加以說明。

人員不斷流失的問題

關於顧客的抱怨跟彌補，常常需要很多實務經驗的累積，若是業務人員一直流失，就很難把相關經驗傳承下來。

資訊分享的問題

資訊分享的問題較常發生在比較大的公司體系，最常見的是同公司內、不同的業務重覆拜訪同一顧客，彼此之間互不知道，這種情形常引起顧客的抱怨。另一種情形是，兩個不同的業務對物件的認知不同，例如A業務對於菜市場邊的物件覺得很方便，而B業務對同一物件則認為較為髒亂且有人多、吵雜的問題，不同的業務在不同的心態下，對客人的切入角度自然就不同。

顧客分級的問題

顧客很難單從外在的表象，就做出有效的分類或價值分析。正因為對於重要顧客無法立即辨識出來，於是，常常因為疏忽而流失客人。房仲間便流傳一句話「穿著家常短褲汗衫的阿伯，可能給你帶來三千萬的業績」，反而身穿名牌者並無購屋實力。

多數人都以外表論人斤兩，但有些客戶看起來就不像有能力買房的打扮與模樣，然而卻具有買豪宅的堅強實力，這些顧客如果以一般價值觀判斷，常常容易漏失。所以，關於顧客分級方面，我的建議是，不要單憑外表立刻貿然判斷顧客是否有購屋能力，對待客人要一視同仁並且展現服務熱忱，聊天過後再決定如何為客戶分級，才是審慎的做法。

(BOX) **顧客分級的實例**

以一個相關例子說明多數業務在顧客分級上的盲點。我有一位客人向建商買了一間三重的房子，當時價值大約5、600萬，然而這名以洗碗維生的阿姨在付了100萬元頭期款之後，就因付款壓力太沉重，最後只好委託小何賣掉。小何順利幫忙賣出後，每年仍繼續維繫這名顧客，做到基本的聯繫與服務。按照常理如果是其他業務，應該不會與阿姨持續保持關係。

過了兩、三年，有一天，這名阿姨突然來找小何，表示近來有很多建商來找她、詢問有關於她家道路用地的事。原來阿姨前陣子繼承了一筆已被劃作道路用地的土地，有許多建商想要購買，以賺取容積率。各家建商都提出4000多萬元以上的價值，這樣的問題讓她想到可以請小何幫忙評估此事。

為了替辛苦工作一輩子的阿姨賺取到最佳的利潤，小何請阿姨

信任他，並且將此事全權交給他處理，同時告知她，任何人來按電鈴找她，都不要回應。

在專任委託契約之下，小何找了數家建商一同前來競標，最後，以5000多萬元結標賣出，遠遠超出原本預計的高價成交金額，自然贏得客戶全家的一致好評。客戶也非常樂意地支付出成交價4%的服務費作為小何的報酬，並且至今維持良好關係，持續替小何介紹新客人。

這就是一個常理之外的顧客分級方式與長期關係維繫，若按照一般人直覺可能將之歸類為「不需掌握的客戶類型」，但小何不管三百六十行或打扮上的外表虛相，只要他成交過的客人，都會持續關照，這種出乎眾人意料之外的實例，在小何的職涯中比比皆是。

這個例子讓我們反思「以貌取人」的價值觀其實不見得正確，當然，現今社會中，多數人都是「外貌協會」的會員，專業形象上，外表的重要性常常比內在更勝一籌。不過，由該例可知，若平日就做好基本的顧客服務，某一天，就可能遇到這種千載難逢的好機會。若什麼事都不做，可是連1%的機會也沒有。正如身邊有些同學，若從平日打扮或交通工具看起來，完全無法與有錢二字畫上等號，結果當他要結婚的時候，同學的父親準備了6000萬元為他買新房，像這種事情也非常有可能發生。

與眾不同的
成功祕技

——小何的錦囊妙計

CHAPTER
06 與眾不同的 成功祕技
—— 小何的錦囊妙計

前言

　　前述幾章，從軟性的心態調整到行銷管理、服務管理、顧客管理等，屬於各行各業均適用的執行步驟，各別以理論和實例來說明，從事業務的讀者們若能按部就班地照著做，肯定會有不錯的成績。本章再提供小何的四個錦囊妙計，當你心領神會、融會貫通之後，突出的業績表現應指日可待。

第一節
錦囊妙計之一　赫克金法則 —— 做個好人最重要

　　要成為一個好的銷售員，首先必須是個好人，做好人比做生意來得更重要。

一個有禮貌、人緣佳的好人，無論走到哪裡，周圍的人自然而然喜歡你、願意幫助你。做好人，不僅能贏得他人的信賴，甚至還會主動介紹生意給你，是不是比單靠努力開發新客戶、或硬性強迫推銷來得更好、也更為容易呢？

關於這一點，我將以理論基礎將之作完整補充。首先介紹的是「赫克金法則。」

赫克金法則

美國行銷專家赫克金曾說過一句名言「**要當一名好的推銷員，首先要做一個好人。**」這就是赫克金法則行銷中的最重要的誠信原則。

「誠信」可說是市場經濟裡極為重要的靈魂，也是市場經濟之所以能夠有效運行的根基之一，甚至是法律與規則的基礎。現實生活中，諸多活生生案例也都告誡大眾「唯具誠信者可生存，棄誠信者則必亡」的道理。

成為一個好人，誠信是必備的優秀德行之一，能贏得消費者的認同與尊重，進而提升知名度，獲得穩定成長的客戶群。美國曾有一項調查顯示，優秀推銷員的業績是普通推銷員業績的30倍。資料指出，成為一名優秀推銷員與長相、年齡大小無關，和性格是內向外向也無關，反而與誠信對待他人、誠實面對自己有關。

　　好禮儀人人愛。正因如此，我一直強調帶看時的基本動作、流程、以及禮貌很重要，妥善安排讓整個帶看過程不受打擾，都能讓客戶留下良好的印象。在顧客心中，一定也能分辨出不同的服務人員所提供的服務細緻度之差異。

　　良好的印象不單單只靠自己努力，亦取決於過程中所接觸到的人。有些管理員就是對房仲印象不好，出入上可能刻意挑剔找麻煩；然而，如果對方覺得你具備好人的形象，願意跟你交朋友，那麼在帶看時肯定容易多了。也許帶看時還會提供方便，幫你找個空著的車位讓客人臨時停車，或是幫忙按電梯，甚至在恰當的時刻替你美言幾句，歡迎客戶加入這個社區之類，也能成為行銷上的良好助力。透過像這些人不經意的推薦介紹，不但省下時間，也省下力氣，達到「要聰明工作，不要辛苦工作」的目的。

BOX **他山之石：小何的做法**

　　小何曾經因為客人第二天要依看好的時辰搬家入住，因而幫客人打掃房子直到半夜。由於時間很緊迫，小何於是找了幾位工讀生，在時間內完成該項使命。客人當然很高興，也很感謝，覺得小何是個好人，收了錢就使命必達，而非得過且過；要求再晚一天交屋，拖延客戶最重要的時間點。按照過往經驗，小何也認定，這樣的客人未來會成為願意幫忙介紹新客戶的好客人。

錦囊妙計之二 紫牛理論——與眾不同的產品力

世人皆知，時間加勤勞並不等於業績。也就是說，就算你花了時間，就算你努力工作，仍不保證一定有好業績。還是那句老話，「要聰明工作，不要辛苦工作！」工作要有效率，少花不必要的時間，其中最重要的，就是銷售與眾不同的產品，提供與眾不同的服務，讓顧客願意主動找上門。在此要提出的，就是「紫牛理論。」

試想一下，在眾多普通的黑、白牛群裡，若出現一頭全身紫色的牛，相信大家遠遠地就會看到牠。只要和別人不一樣，就能脫穎而出，換言之，「平凡就是隱形」。

前面幾章所敘述的是，如何判斷一個人適不適合當業務，從事業務工作需要注意哪些原則。在這一節，重點在於提供與眾不同的產品力，將是快速成交的關鍵。全書讀來的經驗，在看過眾多同業的案例之後，我們要應用大眾所熟知的幾個管理與行銷理論，歸納出這個行業裡的利基點。

○○○○○○○○○○○○○○○○○○○○○○○○○○○○○○○○○○

BOX 名詞解釋　紫牛理論 ────────

前Yahoo 營銷副總裁賽斯‧高汀（Seth Godin）所提出。他認為，具有生命力的產品或服務應該像黑白牛群中冒出的紫牛一樣，讓人眼睛一亮——只有擁有與眾不同的產品或創意，才能在市場中創造屬於領導者的地位，取得非同凡響的業績。紫牛就是卓越非凡（Remarkable）。如果希望在市場中甩開其他默默無聞的普通牛群，就得創新產品，或是設計獨一無二的營銷技巧等，不斷改良自己的「紫牛」，提供充足的養分餵養你的「紫牛」，這也是未來行銷人員所必須走的路。唯有出類拔萃，才有可能在不消耗大成本的廣告運作下，使企業持續擴大市場規模。

如何「找出」紫牛

便宜的物件永遠是房地產中最搶手的。有些人希望單價便宜，有人要求總價要低，有的人希望1000萬就能在台北市裡找到兩房的物件，或是花1500萬買到三房之類的房子，這些都是市場上的「紫牛」，是利基的所在。這類划算的案子絕對供不應求，我們必須從眾多的產品中把它找出來。

此外，在一堆破舊的房子裡，有些經過投資客裝潢，漂漂亮亮的案子，有時候也會是市場裡的「紫牛」！如何一眼就看出這種物件升級的判斷力，建立在經驗法則，奠基於是否看過夠多的

變身改建實例，以及室內設計裝修的訓練。

如何「創造」紫牛

　　不只是在市場上、現有的產品中為客戶找到紫牛，紫牛其實也可以被「創造」的！正如小何我常常會建議部分較有良心的投資客，在資金允許的狀況下，直接進行物件的改造，把B級、C級物件因為好的裝潢而升級為A級好屋，真正創造出獨有的紫牛。（下方的例一、例二各有一個圖表）

例一

　　像是較小的物件，實際權狀僅14坪，甚至可用的只有10坪，我仍會想方設法做出正兩房，兼具功能性以及保值性。原本的一房一廳一衛加上開放式廚房的格局，改成二房一廳一衛，且有獨立廚房的完整格局。適用於三人小家庭，比原本的格局更具市場性與實用性。（**見圖**6-1）

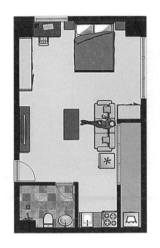

圖6-1 例一原始（左）、例一改良（右）

例二

　　權狀僅31坪的電梯大樓，但室內面積僅有23坪，原本是二房二廳二衛的格局，小何也努力將之規劃為三房二廳二衛，還加上一小間儲藏室之類的置物空間。每個房間都有對外窗、皆能擺放雙人床、標準5～8尺衣櫃、書桌，磚牆隔間、80×80公分拋光石英磚，水電也加以整修更換……，真材實料，使用與建商相同、甚至更高等級的材質來裝潢，這就是與客人合作共同創造出一件紫牛產品到市場銷售的實際案例。（見圖6-2）

圖6-2 例二原始（左）、例二改良（右）

錦囊妙計之三 一條龍服務Total Solution

前面多次提及有關一條龍式的服務，也就是讓顧客從開始到最後，都由我方全包的完整性服務。本節將有詳細解說，不過在此之前，先來看看有趣的「生魚片理論」。

生魚片理論

所謂的「生魚片理論」是指，一旦抓到了新鮮的魚，第一時間內可以高價出售給第一流的餐館。如果不幸難以脫手的話，只

能在第二天以半價賣給二流餐館；到了第三天，就只剩原來的1/4價錢……，鮮貨一旦捕獲，每天都會跌掉一半的價值。到了最後，就成了「乾魚片」，不再具有獲利價值。

這個理論由三星的CEO尹鐘龍所提出，這個人也是讓韓國三星改造重生的厲害推手。他強調，新產品就像生魚片一樣，要趕快趁新鮮賣出，不然等到變成乾魚片，就難以脫手了。

生魚片理論適用於所有的產品，可是，以出售服務為主的房屋仲介，也適用這樣的理論嗎？

一條龍的開端：把握時機．搶占市場

房屋仲介做的是整個建築產業裡最末端的生意，購地整地、建造新屋、成屋出售……一直到最後的最後，才輪得到仲介。許多時候，我們不得不然、無可避免地一定會失去先機。在很多同業的想法裡，總認為買賣成交等到交屋之後、等到奢侈稅打房之後、等到客人主動上門來再說，像這樣子的觀念，很難獲得好成績。生魚片理論的重點，在於早別人一步入場，亦即「捷足先登」，要在最早的時間內把握時機，搶占市場。

之前我曾經提過，一開始就與代銷合作，跟建商打好關係，預售時期就讓你進去帶客人看房子。如果能這樣做的話，不但可

以幫建商去化餘屋，還能替未來屋主做銷售，這個切入點就能讓一名仲介走出自己的一條康莊大道。

很多仲介不知如何事先替預售屋做銷售，一般都是等交屋後再幫屋主銷售。那麼，自己是不是能在別人尚未起跑之前，早他人兩年以上的時間先行搶到商機，遠遠甩開對手呢？如果在預售屋的階段，就已成交了二、三戶，等到真正交屋之後，其他的屋主看到事實就在眼前，當然會認可已經有實際成績的業務，屆時，你又能順利地取得其他案子。

因此，交屋時要特別注意一些小地方，例如除了建設公司以外，我會跟第一批警衛先生們打好關係，由於他們會接觸到所有來交屋的屋主，商業嗅覺較靈敏的少數警衛常常可以從談話間判斷，哪些客人是自住、哪些屬於投資型的客人，未來可能有出售需求。這時，便可以請他們把這些意圖售屋的屋主介紹給你。

所以，如果能夠及早就進入市場內，找到最新鮮的物件，到了交屋的時候，可能一整棟大樓多數欲銷售的案子，都會掌握在同一間仲介公司手中。

若是從預售的時候，便開始經營這個社區，那全包的機率可能很高，其他仲介自然難以插手，就能創造出最大的利基，找到

社區裡最便宜的物件,賺到最多的服務費。這一點也正好符合前面行銷篇章所提過的,在資訊以及產品通路之上,皆具有完整性。

最前面進來的仲介可以用實績作為後盾,好整以暇地創造出更高的利潤,後面進來的房仲最多也只能亂槍打鳥,這就是生魚片理論,應用在仲介行業裡的實際面。

行銷上的理論應用

剛才講的是供應鏈的概念,其實,接案子的時候,一樣也可以運用生魚片理論。網路上能找到的案件,其他仲介多半已賣了一段時間,早就不新鮮了。如果今天提出一個案子給客戶,客戶卻告知你早在一個月前就有別家帶看過同間房子了,這是否表示自己是個不夠認真、不夠積極的仲介呢?尤其景氣不好時,更容易發生這樣的狀況。

另一方面,在景氣好之時,若沒有辦法找到新鮮的產品、或直接找屋主開發,其他房仲說不定三天就賣出一間房子了,自己卻連可銷售的產品在哪兒都不知道。建議最好能夠掌握到產品的新鮮度,成為第一個接到案子的人。及早接到新案,還可以趁早與同業搭配,由外部通路幫忙出售;很晚接到案子,通常不會有結果。畢竟大家都清楚這個案子已銷售許久,除非條件改變,否

則不會有人願意提供手上的客戶跟你配案。

因此，當打電話給客人推案時，說法要能讓客戶立即了解這是最新的案子，告知這是昨天才剛接到、最新鮮的案子，或許能夠成功地引起客人的興趣。並且告訴對方，您是我第一個聯絡、想帶看的客戶，這個案子很適合您，新物件的價格很漂亮、格局不錯等等，都是行銷上重要的細節。否則，若客人上網一查，發現該物件早就在網路上賣了兩個月，或共有五家仲介一起銷售的狀況，都會影響行銷的力道。

一條龍的第二步：商機的不斷延伸

與眾不同的產品力與做法，都能讓您脫穎而出。對於早在預售屋階段就進入市場的房仲，建議不妨教導客人做「客變」，也就是客人在還來得及的時候、對建商提出房屋內部格局與合理結構上之變更要求。

在這種機會點，若具有設計或裝潢相關的專業背景，將會非常有利，能給予客人良心與專業上的雙重建議，如此，在施工同時就已預先留設裝潢時的便利性，讓客人在其後減少不必要的二次施工，更重要的是，確實為客戶節省到經費。

當裝潢完成後，循線再往下走，可以協助客人做出租或銷售

的服務。再活潑、活躍些的房仲業務人員,合理地往後推論,在交屋之後的這個階段,由於進場施工實作的頻繁出入,自然很容易遇到並認識到其他屋主,應該可以取得裝潢或出售、出租的委託才對。隨著在該社區裡的實際買賣、以及裝潢實作的名聲,一樣能取得新的生意。

畢竟,人都有好奇心,常會問問社區裡的銷售狀況,或順路到隔壁查看正在施工設計的新屋樣貌,隨之便不斷延伸出新商機。有時候,光是警衛口頭上的一句話「今天某某仲介在我們這個社區裡就成交了兩戶」,也許就能給人留下深刻的印象,讓新客戶自己找上門來。

擁有多項專長的房仲如能懂得交錯搭配運用,就能提供與眾不同的服務,不單只是手上物件房屋具有特色,連房仲自己都變成了一頭「紫牛」。在這樣的案例中,具體提供客戶不同的專業知識,或是找到有力的策略聯盟,絕對有其必要性。

錦囊妙計之四 社會交換理論——分享

　　一路讀到這裡，我要強調的是，如果前面所談的都能夠盡力做到，應該就有80分的基礎了，那麼，剩下的20分呢？

　　在此，我要提出的重點是「社會交換理論」，亦即與同事或同業之間的合作，也就是一種「有錢大家賺！利他才能利己」的概念，這可說是最後的臨門一腳。做業務的人務必要拋開「獨泡」的思維，唯有對客戶最有利的選擇，才是好選擇，不要在意案子是不是自己的、或自己少賺了多少。唯有保持與同業、同事之間的暢通管道，在良好的合作共識之下，其他人才會願意協助銷售，或者，當你自己需要某些個案的時候，也才能得到其他人幫忙尋找及提供訊息，這樣的做法，對於仲介買賣、協助雙方配對的業務而言，非常重要。2015~2017年，小何在所服務的住商不動產，獲得與同業之間互助合作的成交件數第一名，同業配案的成交量最大，很多額外的服務費是與同業互助合作下所賺得的。因此，小何把它列為行銷裡相當重要的一環。在我心目中，同業與同事皆是商品供應鏈裡的重要夥伴。唯有保持與前後左右不同人際關係之間的血脈暢通，才能獲致最後的成功。

○○

BOX 名詞解釋──獨泡

　　所謂的獨泡，就是買賣雙方都由同一個業務來做牽線，業績獨得；半泡指的則是買賣雙方由不同的業務相互接觸，因此，業績將由雙方對拆，有可能是與同事對拆，也可能是與同業對拆。

　　換言之，小何並不追求每次的獨泡，對客戶最划算、最有利的選擇，才是小何最後的抉擇，利潤的共榮同享才是小何的初衷。

○○

BOX 他山之石：小何的做法

　　小何在此提供一個故事分享。之前小何替某客戶銷售新生北路一間飯店式管理套房，當時，該屋主同時也委託其他公司的業務銷售，也就是說，雙方開發到同樣的屋主，而小何完全不認識對方。

　　這名屋主在委託小何銷售成交後，才告訴小何，另外一方的仲介其實手上也有客人想買，一直希望屋主能把案件賣給他手上的客戶。不過這名仲介在詢問並聽到住商何勝緯的名字後，並且得知買方的出價後，這名仲介居然回覆屋主說，何勝緯這個人沒有問題，能夠讓他成交也很不錯。居然肯替同為競爭的對手說話，一般因為牽涉到實際利益之故，很少人會誇獎同業，甚至還通常說壞話破壞或阻礙，沒想到竟然在意外的時間點得到助益，或許是在房仲業界的名聲尚可，讓人放心、安心的緣故。當然，這些都有賴長期的持續努力與口碑建立。

結論

CHAPTER
07 結論

 優質服務是銷售的開始

顧客背後還有一連串潛在客戶，優質服務才是銷售的開始

從事業務工作，切記，每一位客人的背後，一定還有其他客人，所以千萬不要任意得罪眼前的客人。有些業務為了一點小事與客人吵架，有的業務則是成交之後就忘了客戶，不聞不問，自然便切斷與這名客人間的聯繫管道，不可不慎。

很多人問我，業務要怎麼做？房子到底該怎麼賣？我的情況是，常常是客人發現我與眾不同的服務熱誠，因此才決定把房子交給我銷售或是向我買屋。因此，先服務才有銷售，「服務開始之後，才是銷售的開始。」

最好的行銷在於潛移默化的接受中

許多行銷手段，不管如何接近人、不論使用哪種手法，不過

是一個開端，真正的行銷在於潛移默化地讓人自動接受，當別人不認為你在行銷時，自然就不會有所抗拒，這是最高明的行銷段數。

最好的服務在於顧客滿意的微笑中

許多公司為了作一張問卷，要求客人最好能夠每一項都給滿分，這當然不是真實的答案。真正的顧客滿意度在於，當顧客走出大門時掛在嘴上的微笑。服務好不好，其實只要看簽完約、兩方走出去的表情就可以知道了。如果有一方簽約之後，露出哪裡怪怪的表情，或者出現一種半放棄、就這樣算了的奇特表情，你就知道過程中一定出現值得檢討的瑕疵。

團隊合作取代單打獨鬥

以往的仲介只專注於賣自己手上的案子，不關心別人的案子，往往變成一個人單打獨鬥，非常辛苦。現今社會裡，較好的做法是有計畫性的團隊合作，才能達到快速成交、業績增長的結果。

我的經驗是，讓店裡的團隊，與外部的協力者們相互之間的聯繫網絡都通暢無礙，合作的效果通常更輕鬆、更有效率，成績比起單打獨鬥更好。

聰明工作，不要辛苦工作

　　這本書裡，講了這麼多如何接觸客人、判斷客人、如何篩選客人的技巧，提供許多相關的經驗與實例，就是要讓大家從中學習，減少時間的浪費，藉由我個人多年來的買賣經驗中、所得到對客戶的敏感度與心得，發揮自身潛力，得以迅速邁向成功。這才是「聰明工作，千萬不要辛苦工作」的真諦。

對我而言，做個企業家比做商人還要緊

　　很多人看到小何的成績，都會問我，「你究竟賺了多少錢？」或問「你未來想賺多少錢？」許多商人賺到了錢，但在世人心中卻無法留下好印象。我不仇富，但我想的是，「與其做個商人，不如做一個好的企業家。我期許自己是個懷著感恩的心從事買賣房屋的職人。」

　　即使連續四年的年收入都超過千萬，已勝過一般上班族數十倍，我仍然天天工作超過15個小時。樂在工作、只與自己比賽、並且全心求勝，我最喜歡接的客戶是那些剛成家立業、或有孕在身的夫妻檔、或帶著子女一起看屋的年輕父母們，我會耐心地詢問他們的尋屋需求、小孩未來學區、頭期款預備金與每個月能負擔的貸款金額，深入了解其背景後再為其量身覓屋，不論新屋二

手屋，都要能保本增值才是好屋。看到買賣雙方的開心、滿足的笑臉，是我感到最幸福的時刻。

我很早就立志要當個企業家，而不是生意人。多年來資助家扶、花蓮縣兒童暨家庭關懷協會（兒家協會）、童話育幼院等十來間單位，2014年初也獲邀出席兒家協會的活動，頒發獎學金給業精於勤、努力不懈的小朋友們。

坐擁巨富的股神巴菲特是我的偶像，巴菲特早在2006年就把絕大積蓄捐給比爾蓋茨成立的慈善基金，《靜思語》裡也說「手心向下是助人，手心向上是求人，助人快樂，求人痛苦。」幫助別人是實踐愛與感恩的方法，未來，我希望自己能成為一個給予的人、手心向下的人。

出版這本書的初衷也出自於想幫助別人的想法，讓想做業務工作、以及進入房仲這一行的新鮮人藉由本書快速上手，運用有系統的方式，提供正確的努力方向，提供合理的工作平台與環境，創造出更多的曝光與價值。唯有讓圈子裡的同業們都擁有良好的工作環境，獲得好的收入，才能夠讓員工真心回饋公司，進而回饋社會。

短期內，除了出書、演講、開課之外，也將建立更合理、制

度更健全的仲介公司與資產投資公司，對房產行業有興趣的有志
青年歡迎加入一起努力，為台灣房地產相關行業創造另個巔峰。
以此與各位共勉。

業績千萬4連霸的制勝筆記——頂尖房仲何勝緯
的銷售價值學 / 何勝緯著.顏艾珏文字整理 —
初版. — 臺北市：筆品文創, 2019.03
　　296面；14.8x21公分
　　ISBN 978-986-96633-3-5（平裝）
　　1. 顧客關係管理　2. 行銷管理
496.7　　　　　　　　　　　　　108000449

華品文創出版股份有限公司
Chinese Creation Publishing Co.,Ltd.

業績千萬4連霸的制勝筆記——
頂尖房仲何勝緯的銷售價值學

作　　者：何勝緯
文字整理：顏艾珏
總 經 理：王承惠
總 編 輯：陳秋玲
財 務 長：江美慧
印務統籌：張傳財
美術設計：vision 視覺藝術工作室
出 版 者：華品文創出版股份有限公司
　　　　　地址：100台北市中正區重慶南路一段57號13樓之1
　　　　　讀者服務專線：(02)2331-7103
　　　　　讀者服務傳真：(02)2331-6735
　　　　　E-mail：service.ccpc@msa.hinet.net
　　　　　部落格：http://blog.udn.com/CCPC
總 經 銷：大和書報圖書股份有限公司
　　　　　地址：242新北市新莊區五工五路2號
　　　　　電話：(02)8990-2588
　　　　　傳真：(02)2299-7900
印　　刷：卡樂彩色製版印刷有限公司
初版一刷：2019年3月
定　　價：平裝新台幣380元
ISBN：978-986-96633-3-5